法汉工程机械型号名谱

中国工程机械学会 编

陈 钰 译

U0179009

上海科学技术出版社

编 委 会

序

　　土石方工程、流动起重装卸工程、人货升降输送工程和各种建筑工程综合机械化施工以及同上述相关的工业生产过程的机械化作业所需的机械设备统称为工程机械。工程机械应用范围极广，大致涉及如下领域：① 交通运输基础设施；② 能源领域工程；③ 原材料领域工程；④ 农林基础设施；⑤ 水利工程；⑥ 城市工程；⑦ 环境保护工程；⑧ 国防工程。

　　工程机械行业的发展历程大致可分为以下 6 个阶段。

　　第一阶段(1949 年前)：工程机械最早应用于抗日战争时期滇缅公路建设。

　　第二阶段(1949—1960 年)：我国实施第一个和第二个五年计划，156 项工程建设需要大量工程机械，国内筹建了一批以维修为主、生产为辅的中小型工程机械企业，没有建立专业化的工程机械制造厂，没有统一的管理与规划，高等学校也未设立真正意义上的工程机械专业或学科，相关科研机构也没有建立。各主管部委虽然设立了一些管理机构，但这些机构分散且规模很小。此期间全行业的职工人数仅 2 万余人，生产企业仅二十余家，总产值 2.8 亿元人民币。

　　第三阶段(1961—1978 年)：国务院和中央军委决定在第一机械工业部成立工程机械工业局(五局)，并于 1961 年 4 月 24 日正式成立，由此对工程机械行业的发展进行统一规划，形成了独立的制造体系。此外，高等学校设立了工程机械专业以培养相应人才，并成立了独立的研究所以制定全行业的标准化和技术情报交流体系。在此期间，全行业职工人数达 34 万余人，全国工程机械专业厂和兼并厂达 380 多家，固定资产 35 亿元人民币，工业总产值 18.8 亿元人民币，毛利润 4.6 亿元人民币。

　　第四阶段(1979—1998 年)：这一时期工程机械管理机构经过几次大的变动，主要生产厂下放至各省、市、地区管理，改革开放的实行也促进了民营企业的发展。在此期间，全行业固定资产总额 210 亿元人民币,净值 140 亿元人民币,有 1 000 多家厂商,销售总额 350 亿元人民币。

第五阶段(1999—2012 年):此阶段工程机械行业发展很快,成绩显著。全国有 1 400 多家厂商、主机厂 710 家,11 家企业入选世界工程机械 50 强,30 多家企业在 A 股和 H 股上市,销售总额已超过美国、德国、日本,位居世界第一,2012 年总产值近 5 000 亿元人民币。

第六阶段(2012 年至今):在此期间国家进行了经济结构调整,工程机械行业的发展速度也有所变化,总体稳中有进。在经历了一段不景气的时期之后,随着我国"一带一路"倡议的实施和国内城乡建设的需要,将会迎来新的发展时期,完成由工程机械制造大国向工程机械制造强国的转变。

随着经济发展的需要,我国的工程机械行业逐渐发展壮大,由原来的以进口为主转向出口为主。1999 年至 2010 年期间,工程机械的进口额从 15.5 亿美元增长到 84 亿美元,而出口的变化更大,从 6.89 亿美元增长到 103.4 亿美元,2015 年达到近 200 亿美元。我国的工程机械已经出口到世界 200 多个国家和地区。

我国工程机械的品种越来越多,根据中国工程机械工业协会标准,我国工程机械已经形成 20 个大类、130 多个组、近 600 个型号、上千个产品,在这些产品中还不包括港口机械以及部分矿山机械。为了适应工程机械的出口需要和国内外行业的技术交流,我们将上述产品名称翻译成 8 种语言,包括阿拉伯语、德语、法语、日语、西班牙语、意大利语、英语和俄语,并分别提供中文对照,以方便大家在使用中进行参考。翻译如有不准确、不正确之处,恳请读者批评指正。

编委会

2020 年 1 月

目　录

1 Machine d'excavation *f.* 挖掘机械

Groupe/组	Type/型	Produit/产品
Excavateur intermittent *m.* 间歇式挖掘机	Excavateur mécanique *m.* 机械式挖掘机	Excavateur mécanique à chenilles *m.* 履带式机械挖掘机
		Excavateur mécanique sur pneus *m.* 轮胎式机械挖掘机
		Excavateur mécanique fixe（marine）*m.* 固定式(船用)机械挖掘机
		Pelle électronique de carrière *f.* 矿用电铲
	Excavateur hydraulique *m.* 液压式挖掘机	Excavateur hydraulique à chenilles *m.* 履带式液压挖掘机
		Excavateur hydraulique sur pneus *m.* 轮胎式液压挖掘机
		Excavateur hydraulique amphibie *m.* 水陆两用式液压挖掘机
		Excavateur hydraulique pour marécage *m.* 湿地液压挖掘机
		Excavateur hydraulique marchant *m.* 步履式液压挖掘机
		Excavateur hydraulique fixe（marine）*m.* 固定式(船用)液压挖机
	Chargeuse d'excavation *f.* 挖掘装载机	Chargeuse d'excavation de déplacement latéral *f.* 侧移式挖掘装载机
		Chargeuse d'excavation au centre *f.* 中置式挖掘装载机
Excavateur continu *m.* 连续式挖掘机	Excavateur à roues à godet *m.* 斗轮挖掘机	Excavateur à roues à godet à chenilles *m.* 履带式斗轮挖掘机
		Excavateur à roues à godet sur pneus *m.* 轮胎式斗轮挖掘机
		Excavateur à roues à godet à dispositif spécial de marche *m.* 特殊行走装置斗轮挖掘机
	Pelle à rotor *f.* 滚切式挖掘机	Pelle à rotor *f.* 滚切式挖掘机

1

Groupe/组	Type/型	Produit/产品
Excavateur continu *m*. 连续式挖掘机	Excavateur à fraise *m*. 铣切式挖掘机	Excavateur à fraise *m*. 铣切式挖掘机
	Trancheuse à godets *f*. 多斗挖沟机	Trancheuse de mise section en forme *f*. 成型断面挖沟机
		Trancheuse à roue *f*. 轮斗挖沟机
		Trancheuse à chaîne à godets *f*. 链斗挖沟机
	Excavateur à chaîne à godets *m*. 链斗挖沟机	Excavateur à chaîne à godets à chenilles *m*. 履带式链斗挖沟机
		Excavateur à chaîne à godets sur pneus *m*. 轮胎式链斗挖沟机
		Excavateur à chaîne à godets orbital *m*. 轨道式链斗挖沟机
Autres excavateurs 其他挖掘机械		

2　Engin à transport de terre *m*. 铲土运输机械

groupe/组	Type/型	produit/产品
Chargeuse *f*. 装载机	Chargeuse à chenilles *f*. 履带式装载机	Chargeuse mécanique *f*. 机械装载机
		Chargeuse hydromécanique *f*. 液力机械装载机
		Chargeuse complètement hydraulique *f*. 全液压装载机
	Chargeuse sur pneus *f*. 轮胎式装载机	Chargeuse mécanique *f*. 机械装载机
		Chargeuse hydromécanique *f*. 液力机械装载机
		Chargeuse complètement hydraulique *f*. 全液压装载机

（续表）

groupe/组	Type/型	produit/产品
Chargeuse *f*. 装载机	Chargeuse à direction par dérapage *f*. 滑移转向式装载机	Chargeuse à direction par dérapage *f*. 滑移转向式装载机
	Chargeuse pour application spéciale *f*. 特殊用途装载机	Chargeuse à chenilles pour marécage *f*. 履带湿地式装载机
		Chargeuse à décharger latéral *f*. 侧卸装载机
		Chargeuse souterraine *f*. 井下装载机
		Chargeuse de bois *f*. 木材装载机
Scraper *m*. 铲运机	Scraper automoteur *m*. 自行铲运机	Scraper automoteur sur pneus *m*. 自行轮胎式铲运机
		Scraper à double moteur sur pneus *m*. 轮胎式双发动机铲运机
		Scraper automoteur à chenilles *m*. 自行履带式铲运机
	Scraper tracté *m*. 拖式铲运机	Scraper mécanique *m*. 机械铲运机
		Scraper hydraulique *m*. 液压铲运机
Bulldozer *m*. 推土机	Bulldozer à chenilles *m*. 履带式推土机	Bulldozer mécanique *m*. 机械推土机
		Bulldozer hydromécanique *m*. 液力机械推土机
		Bulldozer à chenilles pour marécage *m*. 全液压推土机
		Bulldozer à chenilles pour marécage *m*. 履带式湿地推土机
	Bulldozer sur pneus *m*. 轮胎式推土机	Bulldozer mécanique hydraulique *m*. 液力机械推土机
		Bulldozer complètement hydraulique *m*. 全液压推土机
	Palan tracteur *m*. 通井机	Palan tracteur *m*. 通井机
	Dozer poussé *m*. 推耙机	Dozer poussé *m*. 推耙机

3

groupe/组	Type/型	produit/产品
Chargeuse à fourchet f. 叉装机	Chargeuse à fourchet f. 叉装机	chargeuse à fourchet f. 叉装机
Niveleuse f. 平地机	Niveleuse automotrice f. 自行式平地机	Niveleuse mécanique f. 机械式平地机
		Niveleuse hydromécanique f. 液力机械平地机
		Niveleuse complètement hydraulique f. 全液压平地机
	Niveleuse tractée f. 拖式平地机	Niveleuse tractée f. 拖式平地机
Dumper non sur route m. 非公路自卸车	Dumper rigide m. 刚性自卸车	Dumper à transmission mécanique m. 机械传动自卸车
		Dumper à transmission hydromécanique m. 液力机械传动自卸车
		Dumper à transmission hydrostatique m. 静液压传动自卸车
		Dumper à transmission électronique m. 电动自卸车
	Dumper articulé m. 铰接式自卸车	Dumper à transmission mécanique m. 机械传动自卸车
		Dumper à transmission hydromécanique m. 液力机械传动自卸车
		Dumper à transmission hydrostatique m. 静液压传动自卸车
		Dumper à transmission électronique m. 电动自卸车
	Dumper rigide souterraine m. 地下刚性自卸车	Dumper à transmission hydromécanique m. 液力机械传动自卸车
	Dumper articulé souterrain m. 地下铰接式自卸车	Dumper à transmission hydromécanique m. 液力机械传动自卸车
		Dumper à transmission hydrostatique m. 静液压传动自卸车
		Dumper à transmission électronique m. 电动自卸车

（续表）

groupe/组	Type/型	produit/产品
Dumper non sur route *m*. 非公路自卸车	Dumper rotatif *m*. 回转式自卸车	Dumper à transmission hydrostatique *m*. 静液压传动自卸车
	Dumper de gravité *m*. 重力翻斗车	Dumper à gravité *m*. 重力翻斗车
Machine de préparation de travail *f*. 作业准备机械	Machine à enlever des épines 除荆机	Machine à enlever des épines 除荆机
	Déracineur *m*. 除根机	Déracineur *m*. 除根机
Autres engins à transport de terre 其他铲土运输机械		

3 Engin élévateur *m*. 起重机械

5

groupe/组	Type/型	produit/产品
Grue mobile *f*. 流动式起重机	Grue sur pneus *f*. 轮胎式起重机	Grue automobile *f*. 汽车起重机
		Grue complètement de sol *f*. 全地面起重机
		Grue sur pneus *f*. 轮胎式起重机
		Grue à tout terrain *f*. 越野轮胎起重机
		Camion-grue *f*. 随车起重机
	Grue à chenilles 履带式起重机	Grue à flèche en treillis à chenilles *f*. 桁架臂履带起重机
		Grue à flèche télescopique à chenilles *f*. 伸缩臂履带起重机
	Grue mobile spéciale 专用流动式起重机	Grue de transport de suspension frontale *f*. 正面吊运起重机

groupe/组	Type/型	produit/产品
Grue mobile *f*. 流动式起重机	Grue mobile spéciale 专用流动式起重机	Grue de transport de suspension latérale *f*. 侧面吊运起重机
		Machine de levage des tubes *f*. 履带式吊管机
	Dépanneuse *f*. 清障车	Dépanneuse *f*. 清障车
		Dépanneuse urgente *f*. 清障抢救车
Matériel de levage de construction *m*. 建筑起重机械	Grue à tour *f*. 塔式起重机	Grue à tour d'orientation supérieure orbitale. *f*. 轨道上回转塔式起重机
		Grue à tour d'autolevage orbitale d'orientation supérieure *f*. 轨道上回转自升塔式起重机
		Grue à tour d'autolevage orbitale d'orientation intérieure *f*. 轨道下回转塔式起重机
		Grue à tour orbitale de chargement rapide *f*. 轨道快装式塔式起重机
		Grue à tour à flèche orbitale *f*. 轨道动臂式塔式起重机
		Grue à tour à cabine avancée orbitale *f*. 轨道平头式塔式起重机
		Grue à tour fixe d'orientation supérieure *f*. 固定上回转塔式起重机
		Grue à tour fixe d'autolevage d'orientation supérieure *f*. 固定上回转自升塔式起重机
		Grue à tour fixe d'autolevage d'orientation intérieure *f*. 固定下回转塔式起重机
		Grue à tour fixe de chargement rapide *f*. 固定快装式塔式起重机
		Grue à tour fixe à flèche *f*. 固定动臂塔式起重机

(续表)

groupe/组	Type/型	produit/产品
Matériel de levage de construction *m*. 建筑起重机械	Grue à tour *f*. 塔式起重机	Grue à tour fixe à cabine avancée *f*. 固定平头式塔式起重机
		Grue à tour fixe en escalade à l'intérieur *f*. 固定内爬升式塔式起重机
	Élévateur pour travaux *m*. 施工升降机	Ascenseur pour travaux à crémaillère *m*. 齿轮齿条式施工升降机
		Ascenseur pour travaux à traction par câble métallique *m*. 钢丝绳式施工升降机
		Ascenseur d'exécution combiné *m*. 混合式施工升降机
	Treuil de construction *m*. 建筑卷扬机	Treuil à monotambour *m*. 单筒卷扬机
		Treuil à double tambour *m*. 双筒式卷扬机
		Treuil à tritambour *m*. 三筒式卷扬机
Autres machines de levage 其他起重机械		

4 Véhicule industriel *m*. 工业车辆

groupe/组	Type/型	produit/产品
Véhicule industriel motorisé (à combustion interne, de batterie, à double effet) *m*. 机动工业车辆 （内燃、蓄电池、双动力）	Véhicule de transport à plateforme fixe *m*. 固定平台搬运车	Véhicule de transport à plateforme fixe *m*. 固定平台搬运车
	Tracteur et tracteur poussé *m*. 牵引车和推顶车	tracteur *m*. 牵引车
		tracteur poussé *m*. 推顶车
	Véhicule pour empilement (à grande levée) *m*. 堆垛用(高起升)车辆	Élévateur à fourche à contrepoids *m*. 平衡重式叉车
		Chariot à fourche de déplacement avant *m*. 前移式叉车

7

groupe/组	Type/型	produit/产品
Véhicule industriel motorisé（à combustion interne，de batterie，à double effet）*m*. 机动工业车辆（内燃、蓄电池、双动力）	Véhicule pour empilement（à grande levée）*m*. 堆垛用(高起升)车辆	Chariot-élévateur à pied enfichable *m*. 插腿式叉车
		Empileuse de palette 托盘堆垛车
		Gerbeuse à plateforme 平台堆垛车
		Véhicule à pupitre montée-descente *m*. 操作台可升降车辆
		Chariot-élévateur de côté *m*. 侧面式叉车（单侧）
		Chariot-élévateur à tout terrain *m*. 越野叉车
		Chariot d'entassement à fourche latéral（à deux côté）*m*. 侧面堆垛式叉车（两侧）
		Chariot-élévateur d'empilage trilatéral 三向堆垛式叉车
		Cavalier à grande levée pour empilement *m*. 堆垛用高起升跨车
		Empileuse à contrepoids pour conteneurs *f*. 平衡重式集装箱堆高机
	Véhicule pour non-empilement（à petite levée）*m*. 非堆垛用(低起升)车辆	Chariot de manutention à palette *m*. 托盘搬运车
		Chariot de manutention à plateforme *m*. 平台搬运车
		Cavalier à petite levée pour non-empilement *m*. 非堆垛用低起升跨车
	Chariot-élévateur à flèche télescopique *m*. 伸缩臂式叉车	Chariot-élévateur à flèche télescopique *m*. 伸缩臂式叉车
		Chariot-élévateur à flèche télescopique à tout terrain *m*. 越野伸缩臂式叉车
	Chariot de tri sélectif *m*. 拣选车	Chariot de tri sélectif *m*. 拣选车
	Camion autonome *m*. 无人驾驶车辆	Camion autonome *m*. 无人驾驶车辆

5 Compacteur *m*. 压实机械

（续表）

groupe/组	Type/型	produit/产品
Véhicule industriel non motorisé *m*. 非机动工业车辆	Empileuse à conducteur à pied *f*. 步行式堆垛车	Empileuse à conducteur à pied *f*. 步行式堆垛车
	Empileuse à conducteur à palette à pied *f*. 步行式托盘堆垛车	Empileuse à conducteur à palette à pied *f*. 步行式托盘堆垛车
	Chariot de manutention à palette à pied *m*. 步行式托盘搬运车	Chariot de manutention à palette à pied *m*. 步行式托盘搬运车
	Chariot de manutention à palette de montée-descente de type ciseaux à pied *m*. 步行剪叉式升降托盘搬运车	Chariot de manutention à palette de montée-descente de type ciseaux à pied *m*. 步行剪叉式升降托盘搬运车
Autres véhicules industriels 其他工业车辆		

9

5 Compacteur *m*. 压实机械

groupe/组	Type/型	produit/产品
Rouleau compacteur statique *m*. 静作用压路机	Rouleau compacteur tracté *m*. 拖式压路机	Rouleau compacteur tracté avec roues nues *m*. 拖式光轮压路机
	Rouleau compacteur automoteur *m*. 自行式压路机	Rouleau compacteur à deux roues nues *m*. 两轮光轮压路机
		Rouleau compacteur à deux roues nues articulées *m*. 两轮铰接光轮压路机
		Rouleau compacteur à trois roues nues *m*. 三轮光轮压路机
		Rouleau compacteur à trois roues nues articulées *m*. 三轮铰接光轮压路机

(续表)

groupe/组	Type/型	produit/产品
Rouleau compacteur vibratoire *m.* 振动压路机	Rouleau compacteur avec roues nues *m.* 光轮式压路机	Rouleau compacteur vibrant à deux roues en série *m.* 两轮串联振动压路机
		Rouleau compacteur vibrant à deux roues articulées *m.* 两轮铰接振动压路机
		Rouleau compacteur vibrant à quatre roues *m.* 四轮振动压路机
	Rouleau compacteur à pneus *m.* 轮胎驱动式压路机	Rouleau compacteur vibrant à roues nues à pneus *m.* 轮胎驱动光轮振动压路机
		Rouleau compacteur vibrant à came à pneus *m.* 轮胎驱动凸块振动压路机
	Rouleau compacteur tracté *m.* 拖式压路机	Rouleau compacteur vibrant tracté *m.* 拖式振动压路机
		Rouleau compacteur vibrant tracté à came *m.* 拖式凸块振动压路机
	Rouleau compacteur manuel *m.* 手扶式压路机	Rouleau compacteur vibrant manuel à roues nues *m.* 手扶光轮振动压路机
		Rouleau compacteur vibrant manuel à came *m.* 手扶凸块振动压路机
		Rouleau compacteur vibrant manuel avec appareil de direction *m.* 手扶带转向机构振动压路机
Rouleau compacteur d'oscillation *m.* 振荡压路机	Rouleau compacteur avec roues nues *m.* 光轮式压路机	Rouleau compacteur d'oscillation à deux roues en série *m.* 两轮串联振荡压路机
		Rouleau compacteur d'oscillation à deux roues articulées *m.* 两轮铰接振荡压路机
	Rouleau compacteur à pneus *m.* 轮胎驱动式压路机	Rouleau compacteur d'oscillation avec roues nues à pneus *m.* 轮胎驱动式光轮振荡压路机

（续表）

groupe/组	Type/型	produit/产品
Rouleau compacteur à pneus *m.* 轮胎压路机	Rouleau compacteur automoteur *m.* 自行式压路机	Rouleau compacteur à pneus *m.* 轮胎压路机
		Rouleau compacteur à pneus articulés *m.* 铰接式轮胎压路机
Rouleau compacteur à percussion *m.* 冲击压路机	Rouleau compacteur tracté *m.* 拖式压路机	Rouleau compacteur tracté à percussion *m.* 拖式冲击压路机
	Rouleau compacteur automoteur *m.* 自行式压路机	Rouleau compacteur automoteur à percussion *m.* 自行式冲击压路机
Rouleau compacteur combiné *m.* 组合式压路机	Rouleau compacteur à pneus combinés vibrants *m.* 振动轮胎组合式压路机	Rouleau compacteur vibrant à pneus combinés *m.* 振动轮胎组合式压路机
	Rouleau compacteur à percussion de vibration *m.* 振动振荡式压路机	Rouleau compacteur à percussion de vibration *m.* 振动振荡式压路机
Pilon à plaque vibrant *m.* 振动平板夯	Pilon électrique à plaque *m.* 电动振动平板夯	Pilon électrique à plaque vibrante *m.* 电动振动平板夯
	Pilon à plaque à combustion interne *m.* 内燃振动平板夯	Pilon à plaque vibrante à combustion interne *m.* 内燃振动平板夯
Pilon à percussion de vibration *m.* 振动冲击夯	Pilon électrique à percussion *m.* 电动振动冲击夯	Pilon électrique à percussion de vibration *m.* 电动振动冲击夯
	Pilon à percussion à combustion interne *m.* 内燃振动冲击夯	Pilon à percussion de vibration à combustion interne *m.* 内燃振动冲击夯
Pilon à l'explosif *m.* 爆炸式夯实机	Pilon à l'explosif *m.* 爆炸式夯实机	Pilon à l'explosif *m.* 爆炸式夯实机
Pilon à grenouille *m.* 蛙式夯实机	Pilon à grenouille *m.* 蛙式夯实机	Pilon à grenouille *m.* 蛙式夯实机

11

(续表)

groupe/组	Type/型	produit/产品
Compacteur d'enfouissement de déchets *m*. 垃圾填埋压实机	Compacteur statique *m*. 静碾式压实机	Compacteur statique d'enfouissement de déchets *m*. 静碾式垃圾填埋压实机
	Compacteur vibrant *m*. 振动式压实机	Compacteur vibrant d'enfouissement de déchets *m*. 振动式垃圾填埋压实机
Autres compacteurs 其他压实机械		

6 Machine des travaux et d'entretien de revêtement *f*. 路面施工与养护机械

groupe/组	type/型	produit/产品
Machines des travaux de revêtement goudronnée *f*. 沥青路面施工机械	Équipement de mélange d'asphalte *m*. 沥青混合料搅拌设备	Équipement de mélange d'asphalte discontinu à convection forcée *m*. 强制间歇式沥青搅拌设备
		Équipement de mélange d'asphalte continu à convection forcée *m*. 强制连续式沥青搅拌设备
		Équipement de mélange d'asphalte continu à tambour *m*. 滚筒连续式沥青搅拌设备
		Équipement de mélange d'asphalte continu à double tambour *m*. 双滚筒连续式沥青搅拌设备
		Équipement de mélange d'asphalte discontinu à double tambour *m*. 双滚筒间歇式沥青搅拌设备
		Équipement de mélange d'asphalte mobile *m*. 移动式沥青搅拌设备
		Équipement de mélange d'asphalte à conteneurs *m*. 集装箱式沥青搅拌设备
		Équipement de mélange d'asphalte respectueux de l'environnement *m*. 环保型沥青搅拌设备

（续表）

groupe/组	type/型	produit/产品
Machines des travaux de revêtement goudronnée *f*. 沥青路面施工机械	Spreader d'asphalte *m*. 沥青混合料摊铺机	Spreader d'asphalte à transmission mécanique à chenilles *m*. 机械传动履带式沥青摊铺机
		Spreader d'asphalte complètement hydraulique à chenilles *m*. 全液压履带式沥青摊铺机
		Spreader d'asphalte à transmission mécanique sur pneus *m*. 机械传动轮胎式沥青摊铺机
		Spreader d'asphalte complètement hydraulique sur pneus *m*. 全液压轮胎式沥青摊铺机
		Spreader d'asphalte à double étage *m*. 双层沥青摊铺机
		Spreader d'asphalte avec appareil de sablage *m*. 带喷洒装置沥青摊铺机
		Spreader d'asphalte avec appareil de sablage *m*. 路沿摊铺机
	Machine de transport d'asphalte *f*. 沥青混合料转运机	Transporteur d'asphalte à transmission directe *m*. 直传式沥青转运料机
		Transporteur d'asphalte avec silo *m*. 带料仓式沥青转运料机
	Spreader(camion) de bitume *m*. 沥青洒布机(车)	Spreader(camion) de bitume à transmission mécanique *m*. 机械传动沥青洒布机(车)
		Spreader(camion) de bitume à transmission hydraulique *m*. 液压传动沥青洒布机(车)
		Spreader(camion) de bitume pneumatique *m*. 气压沥青洒布机
	Épandeuse(camion) de caillasse *f*. 碎石撒布机(车)	Épandeuse de caillasse à bande de convoyeur *f*. 单输送带石屑撒布机
		Épandeuse de caillasse à double bande de convoyeur *f*. 双输送带石屑撒布机

13

groupe/组	type/型	produit/产品
Machines des travaux de revêtement goudronnée *f*. 沥青路面施工机械	Épandeuse(camion) de caillasse *f*. 碎石撒布机(车)	Épandeuse de caillasse simple suspendu *f*. 悬挂式简易石屑撒布机
		Épandeuse de caillasse noire *f*. 黑色碎石撒布机
	Véhicule de bitume liquide *m*. 液态沥青运输机	Camion-citerne de bitume isolant *m*. 保温沥青运输罐车
		Camion-citerne de bitume isolant sur semi-remorque *m*. 半拖挂保温沥青运输罐车
		Camion-citerne de bitume sur véhicule simple *m*. 简易车载式沥青罐车
	Pompe à bitume *f*. 沥青泵	Pompe à bitume à engrenages *f*. 齿轮式沥青泵
		Pompe à bitume à piston *f*. 柱塞式沥青泵
		Pompe à bitume à vis *f*. 螺杆式沥青泵
	Vanne de bitume *f*. 沥青阀	Vanne de bitume isolant par trois voies *f*. 保温三通沥青阀(分手动、电动、气动)
		Vanne de bitume isolant par deux voies *f*. 保温二通沥青阀(分手动、电动、气动)
		Valve de bitume à boulet isolant par deux voies *f*. 保温二通沥青球阀
	Réservoir de stockage de bitume *m*. 沥青贮罐	Réservoir de stockage de bitume vertical *m*. 立式沥青贮罐
		Réservoir de stockage de bitume horizontal *m*. 卧式沥青贮罐
		Magasin(centrale) de bitume *m*. 沥青库(站)

14

groupe/组	type/型	produit/产品
Machines des travaux de revêtement goudronnée *f.* 沥青路面施工机械	Équipement de chauffage et de fusion de bitume *m.* 沥青加热熔化设备	Équipement de fusion de bitume fixe chauffé par flamme *m.* 火焰加热固定式沥青熔化设备
		Équipement de fusion de bitume mobile chauffé par flamme *m.* 火焰加热移动式沥青熔化设备
		Équipement de fusion de bitume fixe chauffé par vapeur *m.* 蒸汽加热固定式沥青熔化设备
		Équipement de fusion de bitume mobile chauffé par vapeur *m.* 蒸汽加热移动式沥青熔化设备
		Équipement de fusion de bitume fixe à chauffage d'huile *m.* 导热油加热固定式沥青熔化设备
		Équipement de fusion de bitume fixe à chauffage électrique *m.* 电加热固定式沥青熔化设备
		Équipement de fusion de bitume mobile à chauffage électrique *m.* 电加热移动式沥青熔化设备
		Équipement de fusion de bitume fixe chauffé par rayons infrarouges *m.* 红外线固定加热式沥青熔化设备
		Équipement de fusion de bitume mobile chauffé par rayons infrarouges *m.* 红外线加热移动式沥青熔化设备
		Équipement de fusion de bitume fixe à chauffage à l'énergie solaire *m.* 太阳能加热固定式沥青熔化设备
		Équipement de fusion de bitume mobile à chauffage à l'énergie solaire *m.* 太阳能加热移动式沥青熔化设备
	Équipement de remplissage de bitume *m.* 沥青灌装设备	Équipement de remplissage de bitume en fût *m.* 筒装沥青灌装设备
		Équipement de remplissage de bitume à sac *m.* 袋装沥青灌装设备

15

groupe/组	type/型	produit/产品
Machines des travaux de revêtement goudronnée *f*. 沥青路面施工机械	Dispositif d'enlèvement de tonneau de bitume *m*. 沥青脱桶装置	Dispositif d'enlèvement de tonneau de bitume fixe *m*. 固定式沥青脱桶装置
		Dispositif d'enlèvement de tonneau de bitume mobile *m*. 移动式沥青脱桶装置
	Équipement de modification de bitume *m*. 沥青改性设备	Équipement de modification de bitume à malaxage *m*. 搅拌式沥青改性设备
		Équipement de modification de bitume à moulin colloïde *m*. 胶体磨式沥青改性设备
	Usine d'émulsification de bitume *f*. 沥青乳化设备	Usine d'émulsification de bitume fixe *f*. 移动式沥青乳化设备
		Usine d'émulsification de bitume mobile *f*. 固定式沥青乳化设备
Machines des travaux de revêtement en béton *f*. 水泥路面施工机械	Épandeur de béton cimenté *m*. 水泥混凝土摊铺机	Épandeur de béton cimenté à coffrage glissant *m*. 滑模式水泥混凝土摊铺机
		Épandeur de béton cimenté sur rails *m*. 轨道式水泥混凝土摊铺机
	Pose-pierres de pavage à multiple fonctions *f*. 多功能路缘石铺筑机	Pose-pierres de pavage de béton cimenté à chenilles *f*. 履带式水泥混凝土路缘铺筑机
		Pose-pierres de pavage de béton cimenté sur rails *f*. 轨道式水泥混凝土路缘铺筑机
		Pose-pierres de pavage de béton cimenté sur pneus *f*. 轮胎式水泥混凝土路缘铺筑机
	Coupe de joints de dilatation *f*. 切缝机	Coupe de joints de dilatation de revêtement en béton cimenté manuel *f*. 手扶式水泥混凝土路面切缝机
		Coupe de joints de dilatation de revêtement en béton cimenté sur rails *f*. 轨道式水泥混凝土路面切缝机

groupe/组	type/型	produit/产品
Machines des travaux de revêtement en béton *f*. 水泥路面施工机械	Coupe de joints de dilatation *f*. 切缝机	Coupe de joints de dilatation de revêtement en béton cimenté sur pneus *f*. 轮胎式水泥混凝土路面切缝机
	Poutre vibrante de revêtement en béton cimenté *f*. 水泥混凝土路面振动梁	Poutre vibrante de revêtement en béton cimenté à monopoutre *f*. 单梁式水泥混凝土路面振动梁
		Poutre vibrante de revêtement en béton cimenté à double poutre *f*. 双梁式水泥混凝土路面振动梁
	Machine de spatule de revêtement en béton cimenté *f*. 水泥混凝土路面抹光机	Spatule électrique de revêtement en béton cimenté *f*. 电动式水泥混凝土路面抹光机
		Spatule de revêtement en béton cimenté à combustion interne *f*. 内燃式水泥混凝土路面抹光机
	Dispositif de déshydratation de revêtement en béton cimenté *m*. 水泥混凝土路面脱水装置	Dispositif de déshydratation de revêtement en béton cimenté sous vide *m*. 真空式水泥混凝土路面脱水装置
		Dispositif de déshydratation de revêtement en béton cimenté à coussin d'air *m*. 气垫膜式水泥混凝土路面脱水装置
	Machine de pavage de caniveaux en béton cimenté *f*. 水泥混凝土边沟铺筑机	Machine de pavage de caniveaux en béton cimenté à chenilles *f*. 履带式水泥混凝土边沟铺筑机
		Machine de pavage de caniveaux en béton cimenté sur rails *f*. 轨道式水泥混凝土边沟铺筑机
		Machine de pavage de caniveaux en béton cimenté sur pneus *f*. 轮胎式水泥混凝土边沟铺筑机
	Machine de coulage des joints de revêtement *f*. 路面灌缝机	Machine tractée de coulage des joints de revêtement *f*. 拖式路面灌缝机
		Machine automotrice de coulage des joints de revêtement *f*. 自行式路面灌缝机

17

（续表）

groupe/组	type/型	produit/产品
Machine des travaux de revêtement et de l'assiette de route *f*. 路面基层施工机械	Brasseur de sol stabilisé *m*. 稳定土拌和机	Brasseur de sol stabilisé à chenilles *m*. 履带式稳定土拌和机
		Brasseur de sol stabilisé sur pneus *m*. 轮胎式稳定土拌和机
	Équipement de mélange de sol stabilisé *m*. 稳定土拌和设备	Équipement de mélange de sol stabilisé à convection forcée *m*. 强制式稳定土拌和设备
		Équipement de mélange de sol stabilisé à gravité *m*. 自落式稳定土拌和设备
	Répandeuse de sol stabilisé *f*. 稳定土摊铺机	Répandeuse de sol stabilisé à chenilles *f*. 履带式稳定土摊铺机
		Répandeuse de sol stabilisé sur pneus *f*. 轮胎式稳定土摊铺机
Machine des travaux des installations auxiliaires de revêtement routier *f*. 路面附属设施施工机械	Machine des travaux de rambarde 护栏施工机械	Mouton de sonnette，arracheur de pieu *m*. 打桩、拔桩机
		Machine de levée du mouton en Perforation *f*. 钻孔吊桩机
	Machine des travaux de marquage 标线标志施工机械	Pulvérisateur des lignes de marquage avec peinture à température normale *m*. 常温漆标线喷涂机
		Pulvérisateur des lignes de marquage avec peinture thermofusible *m*. 热熔漆标线划线机
		Machine d'enlèvement des lignes de marquage 标线清除机
	Machine des travaux de caniveau et pente de protection *f*. 边沟、护坡施工机械	Rayonneur *m*. 开沟机
		Spreader de caniveau *m*. 边沟摊铺机
		Spreader de pente de protection *m*. 护坡摊铺机

18

（续表）

groupe/组	type/型	produit/产品
Machine de maintenance de revêtement *f.* 路面养护机械	Machine de maintenance à multiple fonctions *f.* 多功能养护机	Machine de maintenance à multiple fonctions *f.* 多功能养护机
	Machine de réparation des fosses de revêtement en bitume *f.* 沥青路面坑槽修补机	Machine de réparation des fosses de revêtement en bitume *f.* 沥青路面坑槽修补机
	Machine de réparation de revêtement en bitume à chauffage *f.* 沥青路面加热修补机	Machine de réparation de revêtement en bitume à chauffage *f.* 沥青路面加热修补机
	Machine de réparation des fentes de revêtement à injection *f.* 喷射式坑槽修补机	Machine de réparation des fentes de revêtement à injection *f.* 喷射式坑槽修补机
	Machine de réparation de régénération *f.* 再生修补机	Machine de réparation de régénération *f.* 再生修补机
	Machine à élargir les joints de revêtement *f.* 扩缝机	Machine à élargir les joints de revêtement *f.* 扩缝机
	Machine de découpage des bords de fosse *f.* 坑槽切边机	Machine de découpage des bords de fosse *f.* 坑槽切边机
	Petite machine de couverture *f.* 小型罩面机	Petite machine de couverture *f.* 小型罩面机
	Machine de découpage de pavement *f.* 路面切割机	Machine de découpage de pavement *f.* 路面切割机
	Camion d'aspersion *m.* 洒水车	Camion d'aspersion *m.* 洒水车

19

（续表）

groupe/组	type/型	produit/产品
Machine de maintenance de revêtement f. 路面养护机械	Fraiseuse routière f. 路面刨铣机	Fraiseuse routière à chenilles f. 履带式路面刨铣机
		Fraiseuse routière sur pneus f. 轮胎式路面刨铣机
	Camion de maintenance de revêtement en béton cimenté m. 沥青路面养护车	Camion de maintenance automoteur de revêtement en béton cimenté m. 自行式沥青路面养护车
		Camion de maintenance tracté de revêtement en béton cimenté m. 拖式沥青路面养护车
	Concasseur de revêtement en béton cimenté m. 水泥混凝土路面养护车	Concasseur automoteur de revêtement en béton cimenté m. 自行式水泥混凝土路面养护车
		Concasseur tracté de revêtement en béton cimenté m. 拖式水泥混凝土路面养护车
	Machine de fermeture du gâchis f. 水泥混凝土路面破碎机	Machine de fermeture du gâchis automotrice f. 自行式水泥混凝土路面破碎机
		Machine de fermeture du gâchis tractée f. 拖式水泥混凝土路面破碎机
	Machine de récupération de sable f. 稀浆封层机	Récupérateur de sable à racle m. 自行式稀浆封层机
		Récupérateur de sable à rotor m. 拖式稀浆封层机
	Machine à rainurer le revêtement f. 回砂机	Machine manuelle à rainurer le revêtement f. 刮板式回砂机
		Machine automotrice à rainurer le revêtement f. 转子式回砂机
	Machine à rainurer le revêtement f. 路面开槽机	Machine manuelle à rainurer le revêtement f. 手扶式路面开槽机
		Machine automotrice à rainurer le revêtement f. 自行式路面开槽机

20

groupe/组	type/型	produit/产品
Machine de maintenance de revêtement *f.* 路面养护机械	Machine de coulage des joints de revêtement *f.* 路面灌缝机	Machine de coulage des joints de revêtement tractée *f.* 拖式路面灌缝机
		Machine de coulage des joints de revêtement automotrice *f.* 自行式路面灌缝机
	Machine de chauffage de revêtement en bitume *f.* 沥青路面加热机	Réchauffeur automoteur de revêtement en bitume *m.* 自行式沥青路面加热机
		Réchauffeur tracté de revêtement en bitume *m.* 拖式沥青路面加热机
		Réchauffeur suspendu de revêtement en bitume *m.* 悬挂式沥青路面加热机
	Régénérateur de chaleur de revêtement en bitume *m.* 沥青路面热再生机	Régénérateur de chaleur automoteur de revêtement en bitume *m.* 自行式沥青路面热再生机
		Régénérateur de chaleur tracté de revêtement en bitume *m.* 拖式沥青路面热再生机
		Régénérateur de chaleur suspendu de revêtement en bitume *m.* 悬挂式沥青路面热再生机
	Régénérateur de froid de revêtement en bitume *m.* 沥青路面冷再生机	Régénérateur de froid automoteur de revêtement en bitume *m.* 自行式沥青路面冷再生机
		Régénérateur de froid tracté de revêtement en bitume *m.* 拖式沥青路面冷再生机
		Régénérateur de froid suspendu de revêtement en bitume *m.* 悬挂式沥青路面冷再生机
	Équipement de recyclage d'asphalte émulsifié *m.* 乳化沥青再生设备	Équipement de recyclage d'asphalte émulsifié fixe *m.* 固定式乳化沥青再生设备
		Équipement de recyclage d'asphalte émulsifié mobile *m.* 移动式乳化沥青再生设备

21

groupe/组	type/型	produit/产品
	Équipement de recyclage d'asphalte mousse *m*. 泡沫沥青再生设备	Équipement de recyclage d'asphalte mousse fixe *m*. 固定式泡沫沥青再生设备
		Équipement de recyclage d'asphalte mousse mobile *m*. 移动式泡沫沥青再生设备
	Machine de fermeture des cailloux *f*. 碎石封层机	Machine de fermeture des cailloux *f*. 碎石封层机
	Train de mélange pour régénération sur place *m*. 就地再生搅拌列车	Train de mélange pour régénération sur place 130）*m*. 就地再生搅拌列车
	Réchauffeur de revêtement routier *m*. 路面加热机	Réchauffeur de revêtement routier *m*. 路面加热机
Machine de maintenance de revêtement *f*. 路面养护机械	Remiser chauffé de revêtement routier *f*. 路面加热复拌机	Remiser chauffé de revêtement routier *f*. 路面加热复拌机
	Faucheuse *f*. 割草机	Faucheuse *f*. 割草机
	Élagueur d'arbre *m*. 树木修剪机	Élagueur d'arbre *m*. 树木修剪机
	Nettoyeuse de surface routière *f*. 路面清扫机	Nettoyeuse de surface routière *f*. 路面清扫机
	Nettoyeuse de rambarde *f*. 护栏清洗机	Nettoyeuse de rambarde *f*. 护栏清洗机
	Camion de signalisation de sécurité de construction *m*. 施工安全指示牌车	Camion de signalisation de sécurité de construction *m*. 施工安全指示牌车
	Machine de réparation de caniveau *f*. 边沟修理机	Machine de réparation de caniveau *f*. 边沟修理机

groupe/组	type/型	produit/产品
Machine de maintenance de revêtement *f*. 路面养护机械	Équipement d'éclairage la nuit *m*. 夜间照明设备	Équipement d'éclairage la nuit *m*. 夜间照明设备
	Machine de récupération de chaussée perméable *f*. 透水路面恢复机	Machine de récupération de chaussée perméable *f*. 透水路面恢复机
	Machine de déneigement *f*. 除冰雪机械	Déneigeuse à rotor *f*. 转子式除雪机
		Déneigeuse à charrue *f*. 梨式除雪机
		Déneigeuse à vis *f*. 螺旋式除雪机
		Déneigeuse combiné *f*. 联合式除雪机
		Camion-déneigeuse *m*. 除雪卡车
		Épandeur d'agent de fonte des neiges *m*. 融雪剂撒布机
		Arroseur de solution d'agent de fonte des neiges *m*. 融雪液喷洒机
		Déneigeuse à injection *f*. 喷射式除冰雪机
Autres machines des travaux et d'entretien de chaussée 其他路面施工与养护机械		

23

7 Matériel de béton *m*. 混凝土机械

Groupe/组	Type/型	Produit/产品
Mélangeur *m*. 搅拌机	Mélangeur à décharge réversible à cône *m*. 锥形反转出料式搅拌机	Mélangeur de béton à décharge par inversion de couronne dentée conique *m*. 齿圈锥形反转出料混凝土搅拌机

Groupe/组	Type/型	Produit/产品
Mélangeur *m*. 搅拌机	Mélangeur à décharge réversible à cône *m*. 锥形反转出料式搅拌机	Mélangeur de béton à décharge réversible à cône à friction *m*. 摩擦锥形反转出料混凝土搅拌机
		Mélangeur de béton à décharge réversible à cône de transmission de moteur à combustion interne *m*. 内燃机驱动锥形反转出料混凝土搅拌机
	Malaxeur basculant conique *m*. 锥形倾翻出料式搅拌机	Mélangeur de béton à décharge basculante en cône à couronne dentée conique *m*. 齿圈锥形倾翻出料混凝土搅拌机
		Mélangeur de béton à décharge basculante à cône à friction *m*. 摩擦锥形倾翻出料混凝土搅拌机
		Chargeur complètement hydraulique sur pneus *m*. 轮胎式全液压装载
	Malaxeur à turbopropulseur *m*. 涡桨式混凝土搅拌机	Malaxeur à turbopropulseur *m*. 涡桨式混凝土搅拌机
	Mélangeur de type planétaire *m*. 行星式混凝土搅拌机	Mélangeur de type planétaire *m*. 行星式混凝土搅拌机
	Malaxeur avec un arbre couché *m*. 单卧轴式搅拌机	Mélangeur de béton à monoarbre horizontal à chargement mécanique *m*. 单卧轴式机械上料混凝土搅拌机
		Mélangeur de béton à monoarbre horizontal à chargement hydraulique *m*. 单卧轴式液压上料混凝土搅拌机
	Malaxeur avec double arbre couché *m*. 双卧轴式搅拌机	Mélangeur de béton à double arbre horizontal à chargement mécanique *m*. 双卧轴式机械上料混凝土搅拌机
		Mélangeur de béton à double arbre horizontal à chargement hydraulique *m*. 双卧轴式液压上料混凝土搅拌机
	Mélangeur continu *m*. 连续式搅拌机	Mélangeur de béton continu *m*. 连续式混凝土搅拌机

（续表）

Groupe/组	Type/型	Produit/产品
Tour des bétonnières *m*. 混凝土搅拌楼	Tour de malaxage à décharge réversible à cône *m*. 锥形反转出料式搅拌楼	Tour de malaxage de béton à décharge réversible à cône à deux moteurs *m*. 双主机锥形反转出料混凝土搅拌楼
	Tour de malaxage à décharge basculante à cône *m*. 锥形倾翻出料式搅拌楼	Tour de malaxage de béton à décharge basculante à cône à deux moteurs *m*. 双主机锥形倾翻出料混凝土搅拌楼
		Tour de malaxage de béton à décharge basculante à cône à trois moteurs *m*. 三主机锥形倾翻出料混凝土搅拌楼
		Tour de malaxage de béton à décharge basculante à cône à quatre moteurs *m*. 四主机锥形倾翻出料混凝土搅拌楼
	Tour de malaxage à turbopropulseur *m*. 涡桨式搅拌楼	Tour de malaxage de béton à turbopropulseur à monomoteur *m*. 单主机涡桨式混凝土搅拌楼
		Tour de malaxage de béton à turbopropulseur à double moteurs *m*. 双主机涡桨式混凝土搅拌楼
	Tour de malaxage de type planétaire *m*. 行星式搅拌楼	Tour de malaxage de béton de type planétaire à monomoteur *m*. 单主机行星式混凝土搅拌楼
		Tour de malaxage de béton de type planétaire à double moteurs *m*. 双主机行星式混凝土搅拌楼
	Tour de malaxage avec un arbre couché *m*. 单卧轴式搅拌楼	Tour de malaxage de béton à monoarbre horizontal à chargement mécanique à monomoteur *m*. 单主机单卧轴式混凝土搅拌楼
		Tour de malaxage de béton à monoarbre horizontal à chargement hydraulique à double moteurs *m*. 双主机单卧轴式混凝土搅拌楼
	Tour de malaxage avec double arbre couché *m*. 双卧轴式搅拌楼	Tour de malaxage de béton à double arbre horizontal à chargement mécanique à monomoteur *m*. 单主机双卧轴式混凝土搅拌楼

25

Groupe/组	Type/型	Produit/产品
Tour des bétonnières *m.* 混凝土搅拌楼	Tour de malaxage avec double arbre couché *m.* 双卧轴式搅拌楼	Tour de malaxage de béton à double arbre horizontal à chargement hydraulique à double moteurs *m.* 双主机双卧轴式混凝土搅拌楼
	Tour de malaxage continu *m.* 连续式搅拌楼	Tour de malaxage de béton continu *m.* 连续式混凝土搅拌楼
Centrale à béton *f.* 混凝土搅拌站	Centrale de mélange à décharge réversible à cône *f.* 锥形反转出料式混凝土搅拌站	Centrale de mélange à béton à décharge réversible à cône *f.* 锥形反转出料式混凝土搅拌站
	Centrale de mélange à décharge basculante à cône *f.* 锥形倾翻出料式混凝土搅拌站	Centrale de mélange à béton à décharge basculante à cône *f.* 锥形倾翻出料式混凝土搅拌站
	Centrale de mélange à turbopropulseur *f.* 涡桨式混凝土搅拌站	Centrale de mélange de béton à turbopropulseur *f.* 涡桨式混凝土搅拌站
	Centrale de mélange de type planétaire *f.* 行星式混凝土搅拌站	Centrale de mélange de béton de type planétaire *f.* 行星式混凝土搅拌站
	Centrale de mélange avec un arbre couché *f.* 单卧轴式混凝土搅拌站	Centrale de mélange de béton avec un arbre couché *f.* 单卧轴式混凝土搅拌站
	Centrale de mélange avec double arbre couché *f.* 双卧轴式混凝土搅拌站	Centrale de mélange de béton avec double arbre couché *f.* 双卧轴式混凝土搅拌站
	Centrale de mélange continue *f.* 连续式混凝土搅拌站	Centrale de mélange de béton continue *f.* 连续式混凝土搅拌站
Camion-toupie à béton *m.* 混凝土搅拌运输车	Camion-toupie automoteur *m.* 自行式搅拌运输车	Camion-toupie à béton à force de volant *m.* 飞轮取力混凝土搅拌运输车
		Camion-toupie à béton à force frontale *m.* 前端取力混凝土搅拌运输车

26

(续表)

Groupe/组	Type/型	Produit/产品
Camion-toupie à béton *m*. 混凝土搅拌运输车	Camion-toupie automoteur *m*. 自行式搅拌运输车	Camion-toupie à béton à monomoteur *m*. 单独驱动混凝土搅拌运输车
		Camion-toupie à béton à décharge avant *m*. 前端卸料混凝土搅拌运输车
		Camion-toupie à béton avec convoyeur à bande *m*. 带皮带输送机混凝土搅拌运输车
	Camion-toupie automoteur *m*. 自行式搅拌运输车	Camion-toupie à béton avec dispositif de chargement *m*. 带上料装置混凝土搅拌运输车
		Camion-toupie à béton avec pompe à béton avec flèche *m*. 带臂架混凝土泵混凝土搅拌运输车
		Camion-toupie à béton avec dispositif basculant *m*. 带倾翻机构混凝土搅拌运输车
	Camion-toupie à béton tracté *m*. 拖式	Camion-toupie à béton *m*. 混凝土搅拌运输车
Pompe à béton *f*. 混凝土泵	Pompe fixe *f*. 固定式泵	Pompe à béton fixe *f*. 固定式混凝土泵
	Pompe tractée *f*. 拖式泵	Pompe à béton tractée *f*. 拖式混凝土泵
	Pompe sur véhicule *f*. 车载式泵	Pompe à béton sur véhicule *f*. 车载式混凝土泵
Tige d'épandage de béton *m*. 混凝土布料杆	Tige d'épandage enroulable *m*. 卷折式布料杆	Tige d'épandage de béton enroulable *m*. 卷折式混凝土布料杆
	Tige d'épandage repliable en Z *m*. "Z"形折叠式布料杆	Tige d'épandage de béton repliable en Z *m*. "Z"形折叠式混凝土布料杆
	Tige d'épandage télescopique *m*. 伸缩式布料杆	Tige d'épandage de béton télescopique *m*. 伸缩式混凝土布料杆
	Tige d'épandage combiné *m*. 组合式布料杆	Tige d'épandage combiné enroulable et repliable en Z *m*. 卷折"Z"形折叠组合式混凝土布料杆

27

Groupe/组	Type/型	Produit/产品
Tige d'épandage de béton *m*. 混凝土布料杆	Tige d'épandage combiné *m*. 组合式布料杆	Tige d'épandage combiné repliable en Z et télescopique *m*. "Z"形折叠伸缩组合式混凝土布料杆
		Tige d'épandage combiné enroulable et télescopique *m*. 卷折伸缩组合式混凝土布料杆
Camion-pompe de béton à flèche *m*. 臂架式混凝土泵车	Camion-pompe monobloc *m*. 整体式泵车	Camion-pompe de béton à flèche monobloc *m*. 整体式臂架式混凝土泵车
	Camion-pompe semi-remorque *m*. 半挂式泵车	Camion-pompe de béton à flèche semi-remorque *m*. 半挂式臂架式混凝土泵车
	Camion-pompe remorque *m*. 全挂式泵车	Camion-pompe de béton à flèche remorque *m*. 全挂式臂架式混凝土泵车
Machine d'injection de béton *f*. 混凝土喷射机	Machine d'injection à tambour *f*. 缸罐式喷射机	Machine d'injection de béton à tambour *f*. 缸罐式混凝土喷射机
	Machine d'injection à vis *f*. 螺旋式喷射机	Machine d'injection de béton à vis *f*. 螺旋式混凝土喷射机
	Machine d'injection à rotor *f*. 转子式喷射机	Machine d'injection de béton à rotor *f*. 转子混凝土喷射机
Manipulateur d'injection de béton *m*. 混凝土喷射机械手	Manipulateur d'injection de béton *m*. 混凝土喷射机械手	Manipulateur d'injection de béton *m*. 混凝土喷射机械手
Bogie d'injection de béton *m*. 混凝土喷射台车	Bogie d'injection de béton *m*. 混凝土喷射台车	Bogie d'injection de béton *m*. 混凝土喷射台车
Machine de coulage de béton *f*. 混凝土浇注机	Machine de coulage sur rails *f*. 轨道式浇注机	Machine de coulage de béton sur rails *f*. 轨道式混凝土浇注机
	Machine de coulage sur pneus *f*. 轮胎式浇注机	Machine de coulage de béton sur pneus *f*. 轮胎式混凝土浇注机
	Machine de coulage fixe 固定式浇注机	Machine de coulage de béton fixe *f*. 固定式混凝土浇注机

28

Groupe/组	Type/型	Produit/产品
Vibrateur à béton *m*. 混凝土振动器	Vibrateur de béton interne *m*. 内部振动式振动器	Vibrateur planétaire interne pour béton avec arbre flexible entraîné par moteur électrique *m*. 电动软轴行星插入式混凝土振动器
		Vibrateur excentrique interne pour béton avec arbre flexible entraîné par moteur électrique *m*. 电动软轴偏心插入式混凝土振动器
		Vibrateur planétaire interne pour béton avec arbre flexible entraîné par combustion interne *m*. 内燃软轴行星插入式混凝土振动器
		Vibrateur de béton avec moteur interne *m*. 电机内装插入式混凝土振动器
	Vibrateur de béton externe *m*. 外部振动式振动器	Vibrateur de béton à plateau *m*. 平板式混凝土振动器
		Vibrateur de béton attaché *m*. 附着式混凝土振动器
		Vibrateur de béton attaché à vibration unidirectionnel *m*. 单向振动附着式混凝土振动器
Table vibrante de béton *f*. 混凝土振动台	Table vibrante de béton *f*. 混凝土振动台	Table vibrante de béton *f*. 混凝土振动台
Véhicule de transport de ciment en vrac à déchargement pneumatique *m*. 气卸散装水泥运输车	Véhicule de transport de ciment en vrac à déchargement pneumatique *m*. 气卸散装水泥运输车	Véhicule de transport de ciment en vrac à déchargement pneumatique *m*. 气卸散装水泥运输车
Station de nettoyage et de recyclage de béton *f*. 混凝土清洗回收站	Station de nettoyage et de recyclage de béton *f*. 混凝土清洗回收站	Station de nettoyage et de recyclage de béton *f*. 混凝土清洗回收站

29

Groupe/组	Type/型	Produit/产品
Station de préparation des ingrédients de béton *f*. 混凝土配料站	Station de préparation des ingrédients de béton *f*. 混凝土配料站	Station de préparation des ingrédients de béton *f*. 混凝土配料站
Autres machines de béton 其他混凝土机械		

8　Tunnelier *m*. 掘进机械

Groupe/组	Type/型	Produit/产品
Tunnelier à pleine complet *m*. 全断面隧道掘进机	Bouclier *m*. 盾构机	Bouclier à équilibrage de pression de terre *m*. 土压平衡式盾构机
		Bouclier à équilibrage de terre et eau *m*. 泥水平衡式盾构机
		Bouclier à boue *m*. 泥浆式盾构机
		Bouclier à maçonnerie *m*. 泥水式盾构机
		Bouclier hétérotype *m*. 异型盾构机
	Tunnelier à roche dure(TBM) *m*. 硬岩掘进机（TBM）	Tunnelier à roche dure *m*. 硬岩掘进机
	Tunnelier combiné *m*. 组合式掘进机	Tunnelier combiné *m*. 组合式掘进机
Équipement excavateur *m*. 非开挖设备	Foreuse directionnelle horizontale *f*. 水平定向钻	Foreuse directionnelle horizontale *f*. 水平定向钻
	Machine d'embout supérieur *f*. 顶管机	Machine d'embout supérieur à équilibrage de pression de terre *f*. 土压平衡顶管机
		Machine d'embout supérieur à équilibrage de terre et eau *f*. 泥水平衡式顶管机

（续表）

Groupe/组	Type/型	Produit/产品
Équipement non excavative *m*. 非开挖设备	Machine d'embout supérieur *f*. 顶管机	Machine d'embout supérieur à transport de terre et eau *f*. 泥水输送式顶管机
Tunnelier de galerie *m*. 巷道掘进机	Tunnelier de galerie de roche à flèche *m*. 悬臂式岩巷掘进机	Tunnelier de galerie de roche à flèche *m*. 悬臂式岩巷掘进机
Autres tunneliers 其他掘进机械		

9 Unité de commande de pieux *f*. 桩工机械

Groupe/组	Type/型	Produit/产品
Marteau diesel des pieux *m*. 柴油打桩锤	Marteau de battage des pieux à tambour *m*. 筒式打桩锤	Marteau diesel à tambour à refroidissement d'eau *m*. 水冷筒式柴油打桩锤
		Marteau diesel à tambour à refroidissement de vent *m*. 风冷筒式柴油打桩锤
	Marteau de battage des pieux à tige-guide *m*. 导杆式打桩锤	Marteau diesel à tige-guide *m*. 导杆式柴油打桩锤
Marteau hydraulique *m*. 液压锤	Marteau hydraulique *m*. 液压锤	Marteau hydraulique *m*. 液压打桩锤
Marteau vibrant *m*. 振动桩锤	Marteau mécanique *m*. 机械式桩锤	Marteau vibrant standard *m*. 普通振动桩锤
		Marteau vibrant à couple variable *m*. 变矩振动桩锤
		Marteau vibrant à fréquence variable *m*. 变频振动桩锤
		Marteau vibrant à couple et fréquence variables *m*. 变矩变频振动桩锤
	Marteau à moteur hydraulique *m*. 液压马达式桩锤	Marteau vibrant à moteur hydraulique *m*. 液压马达式振动桩锤
	Marteau hydraulique *m*. 液压式桩锤	Marteau vibrant hydraulique *m*. 液压振动锤

31

（续表）

Groupe/组	Type/型	Produit/产品
Sonnette *f.* 桩架	Sonnette en tube *f.* 走管式桩架	Sonnette en tube à marteau diesel *f.* 走管式柴油打桩架
	Sonnette sur rails *f.* 轨道式桩架	Sonnette à marteau diesel sur rails *f.* 轨道式柴油锤打桩架
	Sonnette à chenilles *f.* 履带式桩架	Sonnette à marteau diesel à chenilles à trois points *f.* 履带三支点式柴油锤打桩架
	Sonnette marchant *f.* 步履式桩架	Sonnette marchant *f.* 步履式桩架
	Sonnette suspendue *f.* 悬挂式桩架	Sonnette suspendue à marteau diesel à chenilles *f.* 履带悬挂式柴油锤桩架
Bélier *m.* 压桩机	Bélier mécanique *m.* 机械式压桩机	Bélier mécanique *m.* 机械式压桩机
	Bélier hydraulique *m.* 液压式压桩机	Bélier hydraulique *m.* 液压式压桩机
Engin de perçage *m.* 成孔机	Engin de perçage à vis *m.* 螺旋式成孔机	Foreuse à longue hélice *f.* 长螺旋钻孔机
		Foreuse à longue hélice à extrudage *f.* 挤压式长螺旋钻孔机
		Foreuse à longue hélice avec manchon *f.* 套管式长螺旋钻孔机
		Foreuse à courte hélice *f.* 短螺旋钻孔机
	Engin de perçage submersible *m.* 潜水式成孔机	Engin de perçage submersible *m.* 潜水钻孔机
	Engin de perçage rotatif *m.* 正反回转式成孔机	Engin de perçage à table rotative *m.* 转盘式钻孔机
		Engin de perçage à tête de travail *m.* 动力头式钻孔机
	Engin de perçage à percussion avec benne preneuse *m.* 冲抓式成孔机	Perceuse à percussion avec benne preneuse *f.* 冲抓成孔机

32

（续表）

Groupe/组	Type/型	Produit/产品
Engin de perçage m. 成孔机	Engin de perçage de tubes m. 全套管式成孔机	Perceuse de tubes f. 全套管钻孔机
	Engin de perçage à jas d'ancre m. 锚杆式成孔机	Perceuse à jas d'ancre f. 锚杆钻孔机
	Engin de perçage marchant m. 步履式成孔机	Perceuse à précession marchant f. 步履式旋挖钻孔机
	Engin de perçage à chenilles m. 履带式成孔机	Perceuse à précession à chenilles f. 履带式旋挖钻孔机
	Engin de perçage sur véhicule m. 车载式成孔机	Perceuse à précession sur véhicule f. 车载式旋挖钻孔机
	Engin de perçage à multiarbres m. 多轴式成孔机	Perceuse à multiarbres f. 多轴钻孔机
Trancheuse de construction de mur diaphragmatique f. 地下连续墙成槽机	Trancheuse à câble métallique f. 钢丝绳式成槽机	Benne preneuse mécanique de mur diaphragmatique f. 机械式连续墙抓斗
	Trancheuse à tige-guide f. 导杆式成槽机	Benne preneuse hydraulique de mur diaphragmatique f. 液压式连续墙抓斗
	Trancheuse à semi-tige-guide f. 半导杆式成槽机	Benne preneuse hydraulique de mur diaphragmatique f. 液压式连续墙抓斗
	Trancheuse à fraisage f. 铣削式成槽机	Trancheuse à fraisage à deux roues f. 双轮铣成槽机
	Trancheuse à mélange f. 搅拌式成槽机	Mélangeur à deux roues f. 双轮搅拌机
	Trancheuse submersible f. 潜水式成槽机	Trancheuse submersible à multiarbres verticaux f. 潜水式垂直多轴成槽机
Mouton de sonnette à marteau-pilon m. 落锤打桩机	Mouton de sonnette mécanique m. 机械式打桩机	Mouton de sonnette mécanique à marteau-pilon m. 机械式落锤打桩机
	Mouton de sonnette Frankish m. 法兰克式打桩机	Mouton de sonnette Frankish m. 法兰克式打桩机

（续表）

Groupe/组	Type/型	Produit/产品
Machine de renforcement de fondation douce *f.* 软地基加固机械	Machine de renforcement à percussion *f.* 振冲式加固机械	Vibrateur à percussion à jet d'eau *m.* 水冲式振冲器
		Vibrateur à percussion à sec *m.* 干式振冲器
	Machine de renforcement enfichable *f.* 插板式加固机械	Mouton de sonnette enfichable *m.* 插板桩机
	Machine de renforcement à force *f.* 强夯式加固机械	Compacteur à force *m.* 强夯机
	Machine de renforcement vibrant *f.* 振动式加固机械	Mouton de sonnette de sable *m.* 砂桩机
	Machine de renforcement à jet rotatif *f.* 旋喷式加固机械	Machine de renforcement de fondation douce à jet rotatif *f.* 旋喷式软地基加固机
	Machine de renforcement à injection de boue et mélange au profond *f.* 注浆式深层搅拌式加固机械	Mélangeur au profond à injection de boue avec un arbre *m.* 单轴注浆式深层搅拌机
		Mélangeur au profond à injection de boue avec multiarbre *m.* 多轴注浆式深层搅拌机
	Machine de renforcement à injection de poudre et mélange au profond *f.* 粉体喷射式深层搅拌式加固机械	Mélangeur au profond à injection de poudre avec un arbre *m.* 单轴粉体喷射式深层搅拌机
		Mélangeur au profond à injection de poudre avec multiarbre *m.* 多轴粉体喷射式深层搅拌机
Extracteur de terre *m.* 取土器	Extracteur de terre à mur épais *m.* 厚壁取土器	Extracteur de terre à mur épais *m.* 厚壁取土器
	Extracteur de terre découvert à mur mince *m.* 敞口薄壁取土器	Extracteur de terre découvert à mur mince *m.* 敞口薄壁取土器

（续表）

Groupe/组	Type/型	Produit/产品
Extracteur de terre *m*. 取土器	Extracteur de terre à mur mince à piston libre *m*. 自由活塞薄壁取土器	Extracteur de terre à mur mince à piston libre *m*. 自由活塞薄壁取土器
	Extracteur de terre à mur mince à piston fixe *m*. 固定活塞薄壁取土器	Extracteur de terre à mur mince à piston fixe *m*. 固定活塞薄壁取土器
	Extracteur de terre de pression d'eau à piston fixe *m*. 水压固定薄壁取土器	Extracteur de terre de pression d'eau à piston fixe *m*. 水压固定薄壁取土器
	Extracteur de terre de type faisceau *m*. 束节式取土器	Extracteur de terre de type faisceau *m*. 束节式取土器
	Extracteur de loess *m*. 黄土取土器	Extracteur de loess *m*. 黄土取土器
	Extracteur de terre rotatif à triple tube *m*. 三重管回转式取土器	Extracteur de terre rotatif à triple tube à monomoteur *m*. 三重管单动回转取土器
		Extracteur de terre rotatif à triple tube à double moteur *m*. 三重管双动回转取土器
	Extracteur de sable *m*. 取沙器	Extracteur de sable d'état original *m*. 原状取沙器
Autres unités de commande de pieux 其他桩工机械		

35

10 Machine municipal et d'assainissement *f*.
市政与环卫机械

Groupe/组	Type/型	Produit/产品
Machine d'assainissement *f*. 环卫机械	Camion(machine) à balayer *m*. 扫路车(机)	Camion à balaye *m*. 扫路车
		Machine à balayer 扫路机

Groupe/组	Type/型	Produit/产品
Machine d'assainissement *f*. 环卫机械	Camion d'aspiration de poussière *m*. 吸尘车	Camion d'aspiration de poussière *m*. 吸尘车
	Camion de balayage nettoyage à l'eau *m*. 洗扫车	Camion de balayage nettoyage à l'eau *m*. 洗扫车
	Camion de nettoyage *m*. 清洗车	Camion de nettoyage *m*. 清洗车
		Camion de nettoyage de rambarde *m*. 护栏清洗车
		Camion de nettoyage de mur *m*. 洗墙车
	Camion d'arrosage *m*. 洒水车	Camion d'arrosage *m*. 洒水车
		Camion d'arrosage et nettoyage *m*. 清洗洒水车
		Camion d'arrosage d'espaces verts *m*. 绿化喷洒车
	Camion d'aspiration d'excréments *m*. 吸粪车	Camion d'aspiration d'excréments *m*. 吸粪车
	Cabinets-toilettes *pl*. 厕所车	Cabinets-toilettes *pl*. 厕所车
	Voiture à ordures *f*. 垃圾车	Camion à ordures à compression *m*. 压缩式垃圾车
		Camion à ordures à benne basculante *m*. 自卸式垃圾车
		Collecteur d'ordures *m*. 垃圾收集车
		Collecteur d'ordures à benne basculante *m*. 自卸式垃圾收集车
		Collecteur à trois roues *m*. 三轮垃圾收集车
		Voiture à ordures de chargement et déchargement automoteurs 自装卸式垃圾车

36

Groupe/组	Type/型	Produit/产品
Machine d'assainissement *f*. 环卫机械	Voiture à ordures *f*. 垃圾车	Voiture d'enlèvement des ordures de bras à bascule 摆臂式垃圾车
		Collecteur d'ordures à voiture lavable *m*. 车厢可卸式垃圾车
		Camion à ordures classifiées *m*. 分类垃圾车
		Camion à ordures classifiées à compression *m*. 压缩式分类垃圾车
		Camion de transport d'ordures *m*. 垃圾转运车
		Camion de transport d'ordures en fût *m*. 桶装垃圾运输车
		Camion à ordures de cuisine *m*. 餐厨垃圾车
		Camion à déchets médicaux *m*. 医疗垃圾车
	Équipement de traitement d'ordures *m*. 垃圾处理设备	Compresseur d'ordures *m*. 垃圾压缩机
		Bulldozer d'ordures à chenilles *m*. 履带式垃圾推土机
		Excavateur d'ordures à chenilles *m*. 履带式垃圾挖掘机
		Camion de traitement de lixiviation d'ordures *m*. 垃圾渗滤液处理车
		Équipement de station de transfert d'ordures *m*. 垃圾中转站设备
		Trieur de déchets *m*. 垃圾分拣机
		Incinérateur d'ordures *m*. 垃圾焚烧炉
		Broyeur d'ordures *m*. 垃圾破碎机

37

Groupe/组	Type/型	Produit/产品
Machine d'assainissement *f*. 环卫机械	Équipement de traitement d'ordures *m*. 垃圾处理设备	Équipement de compostage d'ordures *m*. 垃圾堆肥设备
		Équipement d'enfouissement d'ordures *m*. 垃圾填埋设备
machine municipale 市政机械	Machine de dragage des égouts 管道疏通机械	Camion d'aspiration des boues *m*. 吸污车
		Camion d'aspiration et nettoyage des boues *m*. 清洗吸污车
	Machine de dragage des égouts *f*. 管道疏通机械	Camion de maintenance complète des égouts *m*. 下水道综合养护车
		Camion de dragage des égouts *m*. 下水道疏通车
		Camion de dragage et nettoyage des égouts *m*. 下水道疏通清洗车
		Creuseur *m*. 掏挖车
		Équipement d'inspection et réparation des égouts *m*. 下水道检查修补设备
		Camion de transport des boues *m*. 污泥运输车
	Machine d'enterrement et installation de poteaux électronique *f*. 电杆埋架机械	Machine d'enterrement et installation de poteaux électronique *f*. 电杆埋架机械
	Machine à poser des conduites *f*. 管道铺设机械	Machine à poser des conduites *f*. 铺管机
Équipement de stationnement et lavage de voitures *m*. 停车洗车设备	Équipement de stationnement circulaire vertical *m*. 垂直循环式停车设备	Équipement de stationnement circulaire vertical avec entrée en bas *m*. 垂直循环式下部出入式停车设备

Groupe/组	Type/型	Produit/产品
Équipement de stationnement et lavage de voitures *m*. 停车洗车设备	Équipement de stationnement circulaire vertical *m*. 垂直循环式停车设备	Équipement de stationnement circulaire vertical avec entrée au milieu *m*. 垂直循环式中部出入式停车设备
		Équipement de stationnement circulaire vertical avec entrée en haut *m*. 垂直循环式上部出入式停车设备
	Équipement de stationnement circulaire en multiple étages *m*. 多层循环式停车设备	Équipement de stationnement circulaire en multiple étages en forme ronde *m*. 多层圆形循环式停车设备
		Équipement de stationnement circulaire en multiple étages en forme rectangulaire *m*. 多层矩形循环式停车设备
	Équipement de stationnement circulaire horizontal *m*. 水平循环式停车设备	Équipement de stationnement circulaire horizontal en forme ronde *m*. 水平圆形循环式停车设备
		Équipement de stationnement circulaire horizontal en forme rectangulaire *m*. 水平矩形循环式停车设备
	Équipement de stationnement à ascenseur *m*. 升降机式停车设备	Équipement de stationnement à ascenseur placé verticalement *m*. 升降机纵置式停车设备
		Équipement de stationnement à ascenseur placé horizontalement *m*. 升降机横置式停车设备
		Équipement de stationnement à ascenseur placé en forme circle *m*. 升降机圆置式停车设备
	Équipement de stationnement mobile à ascenseur *m*. 升降移动式停车设备	Équipement de stationnement mobile à ascenseur placé verticalement *m*. 升降移动纵置式停车设备
		Équipement de stationnement mobile à ascenseur placé horizontalement *m*. 升降移动横置式停车设备
	Équipement de stationnement de mouvement horizontal alternatif *m*. 平面往复式停车设备	Équipement de stationnement de manutention horizontale alternatif 平面往复搬运式停车设备
		Équipement de stationnement de manutention horizontale alternatif type recueillant *m*. 平面往复搬运收容式停车设备

39

（续表）

Groupe/组	Type/型	Produit/产品
Équipement de stationnement et lavage de voitures *m*. 停车洗车设备	Équipement de stationnement à deux étages *m*. 两层式停车设备	Équipement de stationnement à deux étages avec élévateur *m*. 两层升降式停车设备
		Équipement de stationnement à deux étages à mouvement horizontal avec élévateur *m*. 两层升降横移式停车设备
	Équipement de stationnement à multiple étages *m*. 多层式停车设备	Équipement de stationnement à multiple étages avec élévateur *m*. 多层升降式停车设备
		Équipement de stationnement à multiple étages à mouvement horizontal avec élévateur *m*. 多层升降横移式停车设备
	Équipement de stationnement à plateforme pivotante pour voitures *m*. 汽车用回转盘停车设备	Plateforme pivotante rotative pour voitures *f*. 旋转式汽车用回转盘
		Plateforme pivotante rotative mobile pour voitures *f*. 旋转移动式汽车用回转盘
	Équipement de stationnement à élévateur pour voitures *m*. 汽车用升降机停车设备	Élévateur pour voitures *m*. 升降式汽车用升降机
		Élévateur rotatif pour voitures *m*. 升降回转式汽车用升降机
		Élévateur à mouvement horizontal pour voitures *m*. 升降横移式汽车用升降机
	Équipement de stationnement à plateforme tournant *m*. 旋转平台停车设备	Plateforme tournant *f*. 旋转平台
	Équipement mécanique de station de lavage *m*. 洗车场机械设备	Équipement mécanique de station de lavage *m*. 洗车场机械设备
Equipements jardiniers *m*. 园林机械	Creuseur pour planter les arbres *m*. 植树挖穴机	Creuseur automoteur pour planter les arbres *m*. 自行式植树挖穴机

40

Groupe/组	Type/型	Produit/产品
Equipements jardiniers *m.* 园林机械	Creuseur pour planter les arbres *m.* 植树挖穴机	Creuseur pour planter les arbres automoteur manuel *m.* 手扶式植树挖穴机
	Machine à repiquer les arbres *f.* 树木移植机	chine à repiquer les arbres automotrice *f.* 自行式树木移植机
		Machine à repiquer les arbres tractée *f.* 牵引式树木移植机
		Machine à repiquer les arbres suspendue *f.* 悬挂式树木移植机
	Machine de transport des arbres *f.* 运树机	Machine de transport des arbres tractée à godets *f.* 多斗拖挂式运树机
	Véhicule polyvalent à pulvérisation d'espaces vertes *m.* 绿化喷洒多用车	Véhicule polyvalent à pulvérisation hydraulique d'espaces vertes *m.* 液力喷雾式绿化喷洒多用车
	Tondeuse *f.* 剪草机	Tondeuse rotative manuelle *f.* 手推式旋刀剪草机
		Tondeuse à gazon à fraise tractée *f.* 拖挂式滚刀剪草机
		Tondeuse à gazon à fraise avec siège *f.* 乘座式滚刀剪草机
		Tondeuse à gazon à fraise automotrice *f.* 自行式滚刀剪草机
		Tondeuse à gazon à fraise manuelle *f.* 手推式滚刀剪草机
		Tondeuse alternative automotrice *f.* 自行式往复剪草机
		Tondeuse alternative manuelle *f.* 手推式往复剪草机
		Tondeuse à lame rotative *f.* 甩刀式剪草机
		Tondeuse à coussin d'air *f.* 气垫式剪草机

Groupe/组	Type/型	Produit/产品
Équipement de divertissement *m*. 娱乐设备	Équipement de divertissement de type de voiture *m*. 车式娱乐设备	Petite voiture de course *f*. 小赛车
		Auto tamponneuse *f*. 碰碰车
		Voiture d'observation *f*. 观览车
		Voiture à batterie *f*. 电瓶车
		Voiture de tourisme *f*. 观光车
	Équipement de divertissement sur l'eau *m*. 水上娱乐设备	Bateau à batterie *m*. 电瓶船
		Bateau à pédales *m*. 脚踏船
		Bateau tamponneur *m*. 碰碰船
		Bateau à torrent *m*. 激流勇进船
		Yacht nautique *m*. 水上游艇
	Équipement de divertissement sur sol *m*. 地面娱乐设备	Machine d'amusement *f*. 游艺机
		Trampoline *m*. 蹦床
		Carrousel *m*. 转马
		Montagnes russes *f*. 风驰电掣
	Équipement de divertissement volant *m*. 腾空娱乐设备	Aéronef autogéré en rotation *m*. 旋转自控飞机
		Fusée lunaire *f*. 登月火箭
		Chaise pivotante aérienne *f*. 空中转椅
		Voyage cosmique *m*. 宇宙旅行
	Autres équipements de divertissement 其他娱乐设备	Autres équipements de divertissement 其他娱乐设备

42

Groupe/组	Type/型	Produit/产品
Autres machines municipales et d'assainissement 其他市政与环卫机械		

11 Machine pour produits en béton *f*. 混凝土制品机械

Groupe/组	Type/型	Produit/产品
Machine de formage de blocs de béton *f*. 混凝土砌块成型机	De type mobile 移动式	Façconneuse mobile hydraulique de blocs de béton à libération *f*. 移动式液压脱模混凝土砌块成型机
		Façconneuse mobile mécanique de blocs de béton à libération *f*. 移动式机械脱模混凝土砌块成型机
		Façconneuse mobile manuelle de blocs de béton à libération *f*. 移动式人工脱模混凝土砌块成型机
	De type fixe 固定式	Façconneuse fixe hydraulique de blocs de béton de vibration de membrane *f*. 固定式模振液压脱模混凝土砌块成型机
		Façconneuse fixe mécanique de blocs de béton de vibration de membrane *f*. 固定式模振机械脱模混凝土砌块成型机
		Façconneuse fixe manuelle de blocs de béton de vibration de membrane *f*. 固定式模振人工脱模混凝土砌块成型机
		Façconneuse fixe hydraulique de blocs de béton de vibration de table *f*. 固定式台振液压脱模混凝土砌块成型机
		Façconneuse fixe mécanique de blocs de béton de vibration de table *f*. 固定式台振机械脱模混凝土砌块成型机

(续表)

Groupe/组	Type/型	Produit/产品
Machine de formage de blocs de béton *f*. 混凝土砌块成型机	De type fixe 固定式	Façconneuse fixe manuelle de blocs de béton de vibration de table *f*. 固定式台振人工脱模混凝土砌块成型机
	De type étagé 叠层式	Façconneuse étagée de blocs de béton *f*. 叠层式混凝土砌块成型机
	De type à distribution étagée 分层布料式	Façconneuse de blocs de béton à distribution étagée *f*. 分层布料式混凝土砌块成型机
Équipement complet de production de blocs de béton *m*. 混凝土砌块生产成套设备	Entièrement automatique 全自动	Chaîne de production automatique de blocs de béton de vibration de table *f*. 全自动台振混凝土砌块生产线
		Chaîne de production automatique de blocs de béton de vibration de membrane *f*. 全自动模振混凝土砌块生产线
	Semi-automatique 半自动	Chaîne de production semi-automatique de blocs de béton de vibration de table *f*. 半自动台振混凝土砌块生产线
		Chaîne de production semi-automatique de blocs de béton de vibration de membrane *f*. 半自动模振混凝土砌块生产线
	De type simple 简易式	Chaîne de production simple de blocs de béton de vibration de table *f*. 简易台振混凝土砌块生产线
		Chaîne de production simple de blocs de béton de vibration de membrane *f*. 简易模振混凝土砌块生产线
Équipement complet de blocs de béton cellulaire autoclave *m*. 加气混凝土砌块成套设备	Équipement de blocs de béton cellulaire autoclave *m*. 加气混凝土砌块设备	Équipement de blocs de béton cellulaire autoclave *m*. 加气混凝土砌块生产线

44

（续表）

Groupe/组	Type/型	Produit/产品
Équipement complet de blocs de béton mousse *m.* 泡沫混凝土砌块成套设备	Équipement de blocs de béton mousse *m.* 泡沫混凝土砌块设备	Équipement de blocs de béton mousse *m.* 泡沫混凝土砌块生产线
Machine à former creux en béton *f.* 混凝土空心板成型机	Par extrusion 挤压式	Extrudeuse pour produire dalle creuse en béton monobloc à vibration extérieure *f.* 外振式单块混凝土空心板挤压成型机
		Extrudeuse pour produire dalle creuse en béton double bloc à vibration extérieure *f.* 外振式双块混凝土空心板挤压成型机
		Extrudeuse pour produire dalle creuse en béton monobloc à vibration intérieure *f.* 内振式单块混凝土空心板挤压成型机
		Extrudeuse pour produire dalle creuse en béton double bloc à vibration intérieure *f.* 内振式双块混凝土空心板挤压成型机
	Par poussée 推压式	Extrudeuse pour produire dalle creuse en béton monobloc à vibration extérieure *f.* 外振式单块混凝土空心板推压成型机
		Extrudeuse pour produire dalle creuse en béton double bloc à vibration extérieure *f.* 外振式双块混凝土空心板推压成型机
		Extrudeuse pour produire dalle creuse en béton monobloc à vibration intérieure *f.* 内振式单块混凝土空心板推压成型机
		Extrudeuse pour produire dalle creuse en béton double bloc à vibration intérieure *f.* 内振式双块混凝土空心板推压成型机
	Par étirage et moulage 拉模式	Machine à étirer et à mouler dalle creuse en béton à vibration extérieure automotrice *f.* 自行式外振混凝土空心板拉模成型机

Groupe/组	Type/型	Produit/产品
Machine à former creux enbéton *f*. 混凝土空心板成型机	Par étirage et moulage 拉模式	Machine à étirer et à mouler dalle creuse en béton à vibration extérieure à traction *f*. 牵引式外振混凝土空心板拉模成型机
		Machine à étirer et à mouler dalle creuse en béton à vibration intérieure automotrice *f*. 自行式内振混凝土空心板拉模成型机
		Machine à étirer et à mouler dalle creuse en béton à vibration intérieure à traction *f*. 牵引式内振混凝土空心板拉模成型机
Machine à mouler des éléments en béton *f*. 混凝土构件成型机	Façonneuse à vibration de table *f*. 振动台式成型机	Façonneuse des éléments en béton à vibration de table électrique *f*. 电动振动台式混凝土构件成型机
		Façonneuse des éléments en béton à vibration de table pneumatique *f*. 气动振动台式混凝土构件成型机
		Façonneuse des éléments en béton à vibration de table sans plateau *f*. 无台架振动台式混凝土构件成型机
		Façonneuse des éléments en béton à vibration de table directionnelle horizontale *f*. 水平定向振动台式混凝土构件成型机
		Façonneuse des éléments en béton à vibration de table à percussion *f*. 冲击振动台式混凝土构件成型机
		Façonneuse des éléments en béton à vibration de table à impulsion à galets *f*. 滚轮脉冲振动台式混凝土构件成型机
		Façonneuse des éléments en béton à vibration de table en parties combinées *f*. 分段组合振动台式混凝土构件成型机
	Façonneuse de pression à disque rotatif *f*. 盘转压制式成型机	Façonneuse des éléments en béton de pression à disque rotatif *f*. 混凝土构件盘转压制式成型机
	Façonneuse de pression à levier *f*. 杠杆压制式成型机	Façonneuse des éléments en béton de pression à levier *f*. 混凝土构件杠杆压制式成型机

46

Groupe/组	Type/型	Produit/产品
Machine à mouler des éléments en béton *f*. 混凝土构件成型机	De type à piédestal de palangre 长线台座式	Équipement complet de production des éléments en béton à piédestal de palangre *m*. 长线台座式混凝土构件生产成套设备
	De type à tringlerie en mode plat 平模联动式	Équipement complet de production des éléments en béton à tringlerie en mode plat *m*. 平模联动式混凝土构件生产成套设备
	De type à tringlerie d'unité 机组联动式	Équipement complet de production des éléments en béton à tringlerie d'unité *m*. 机组联动式混凝土构件生产成套设备
Machine à mouler les tubes en béton *f*. 混凝土管成型机	De type centrifuge 离心式	Machine à mouler les tubes en béton centrifugeuse à galets *f*. 滚轮离心式混凝土管成型机
		Machine à mouler les tubes en béton centrifugeuse sous forme de tour *f*. 车床离心式混凝土管成型机
	Par extrusion 挤压式	Machine à mouler les tubes en béton par extrusion à rouleau suspendu *f*. 悬辊式挤压混凝土管成型机
		Machine à mouler les tubes en béton par extrusion verticale *f*. 立式挤压混凝土管成型机
		Machine à mouler les tubes en béton vibrante par extrusion verticale *f*. 立式振动挤压混凝土管成型机
Machine à mouler les carreaux en ciment *f*. 水泥瓦成型机	Machine à mouler les carreaux en ciment *f*. 水泥瓦成型机	Machine à mouler les carreaux en ciment *f*. 水泥瓦成型机
Équipement à mouler les panneaux muraux 墙板成型设备	Machine à mouler les panneaux muraux 墙板成型机	Machine à mouler les panneaux muraux 墙板成型机
Machine de maintenance des éléments en béton *f*. 混凝土构件修整机	Dispositif d'aspiration de l'eau sous vide *m*. 真空吸水装置	Dispositif d'aspiration de l'eau de béton sous vide *m*. 混凝土真空吸水装置

Groupe/组	Type/型	Produit/产品
Machine de maintenance des éléments en béton *f.* 混凝土构件修整机	Machine de découpe *f.* 切割机	Machine de découpe de béton manuelle *f.* 手扶式混凝土切割机
		Machine de découpe de béton automotrice *f.* 自行式混凝土切割机
	Truelle de surface *f.* 表面抹光机	Truelle de surface de béton manuelle *f.* 手扶式混凝土表面抹光机
		Truelle de surface de béton automotrice *f.* 自行式混凝土表面抹光机
	Rectifieuse de bouche *f.* 磨口机	Rectifieuse de bouche des tubes en béton *f.* 混凝土管件磨口机
Machine des modèles et accessoires *f.* 模板及配件机械	Machine de laminage des coffrages d'acier *f.* 钢模板轧机	Machine de laminage des coffrages d'acier continue *f.* 钢模版连轧机
		Machine de laminage des côtes des coffrages d'acier *f.* 钢模板凸棱轧机
	Machine à nettoyer des coffrages d'acier 钢模板清理机	Machine à nettoyer des coffrages d'acier *f.* 钢模板清理机
	Machine d'étalonnage des coffrages d'acier *f.* 钢模板校形机	Machine d'étalonnage des coffrages d'acier à multiple fonctions *f.* 钢模板多功能校形机
		Machine d'étalonnage des coffrages d'acier à multiple fonctions *f.* 钢模板多功能校形机
	Accessoires des coffrages d'acier 钢模板配件	Machine à mouler les cartes en U des coffrages d'acier *f.* 钢模板 U 形卡成型机
		Machine à redresser des tubes de coffrage d'acier *f.* 钢模板钢管校直机
Autres machines pour produits en béton 其他混凝土制品机械		

12 Engin d'opération en hauteur *m*. 高空作业机械

Groupe/组	Type/型	Produit/产品
Véhicule d'opération en hauteur *m*. 高空作业车	Véhicule d'opération en hauteur général *m*. 普通型高空作业车	Véhicule d'opération en hauteur à flèche télescopique *m*. 伸臂式高空作业车
		Véhicule d'opération en hauteur à flèche pliable *m*. 折叠臂式高空作业车
		Véhicule d'opération en hauteur de montée-descente vertical *m*. 垂直升降式高空作业车
		Véhicule hybride pour travail aérien *m*. 混合式高空作业车
	Véhicule d'élagage en hauteur *m*. 高树剪枝车	Véhicule d'élagage en hauteur *m*. 高树剪枝车
		Véhicule d'élagage en hauteur tracté *m*. 拖式高空剪枝车
	Véhicule isolé pour travail aérien *m*. 高空绝缘车	Véhicule isolé pour travail aérien à flèche à godet *m*. 高空绝缘斗臂车
		Véhicule isolé pour travail aérien tracté *m*. 拖式高空绝缘车
	Équipement d'maintenance des ponts *m*. 桥梁检修设备	Véhicule d'maintenance des ponts *m*. 桥梁检修车
		Plateforme de réparation des ponts tractée 拖式桥梁检修平台
	Véhicule de photographie d'altitude *m*. 高空摄影车	Véhicule de photographie d'altitude *m*. 高空摄影车
	Véhicule d'assistance au sol pour l'aviation *m*. 航空地面支持车	Véhicule d'assistance de montée-descente au sol pour l'aviation *m*. 航空地面支持用升降车
	Véhicule de dégivrage d'avion *m*. 飞机除冰防冰车	Véhicule de dégivrage d'avion *m*. 飞机除冰防冰车

Groupe/组	Type/型	Produit/产品
Véhicule d'opération en hauteur *m*. 高空作业车	Véhicule de secours incendie *m*. 消防救援车	Véhicule de secours incendie d'altitude *m*. 高空消防救援车
Plateforme de travail aérien *f*. 高空作业平台	Plateforme de travail aérien de type ciseaux *f*. 剪叉式高空作业平台	Plateforme de travail aérien de type ciseaux fixe *f*. 固定剪叉式高空作业平台
		Plateforme de travail aérien de type ciseaux mobile *f*. 移动剪叉式高空作业平台
		Plateforme de travail aérien de type ciseaux automotrice *f*. 自行剪叉式高空作业平台
	Plateforme de travail aérien avec flèche *f*. 臂架式高空作业平台	Plateforme de travail aérien avec flèche fixe *f*. 固定臂架式高空作业平台
		Plateforme de travail aérien avec flèche mobile *f*. 移动臂架式高空作业平台
		Plateforme de travail aérien avec flèche automotrice *f*. 自行臂架式高空作业平台
	Plateforme de travail aérien à cylindre télescopique *f*. 套筒油缸式高空作业平台	Plateforme de travail aérien à cylindre télescopique fixe *f*. 固定套筒油缸式高空作业平台
		Plateforme de travail aérien à cylindre télescopique mobile *f*. 移动套筒油缸式高空作业平台
	Plateforme de travail aérien à mât *f*. 桅柱式高空作业平台	Plateforme de travail aérien à mât fixe *f*. 固定桅柱式高空作业平台
		Plateforme de travail aérien à mât mobile *f*. 移动桅柱式高空作业平台
		Plateforme de travail aérien à mât automotrice *f*. 自行桅柱式高空作业平台
	Plateforme de travail aérien à support guide *f*. 导架式高空作业平台	Plateforme de travail aérien à support guide fixe *f*. 固定导架式高空作业平台

（续表）

Groupe/组	Type/型	Produit/产品
Plateforme de travail aérien *f.* 高空作业平台	Plateforme de travail aérien à support guide *f.* 导架式高空作业平台	Plateforme de travail aérien à support guide mobile *f.* 移动导架式高空作业平台
		Plateforme de travail aérien à support guide automotrice *f.* 自行导架式高空作业平台
Autres engins d'opération en hauteur 其他高空作业机械		

13 Machine de décoration *f.* 装修机械

Groupe/组	Type/型	Produit/产品
Machine de préparation et pulvérisation de mortier *f.* 砂浆制备及喷涂机械	Tamis à sable *f.* 筛砂机	Tamis à sable électrique *f.* 电动式筛砂机
	Malaxeur de mortier *m.* 砂浆搅拌机	Malaxeur de mortier horizontal *m.* 卧轴式灰浆搅拌机
		Malaxeur de mortier vertical *m.* 立轴式灰浆搅拌机
		Malaxeur de mortier à tambour tournant *m.* 筒转式灰浆搅拌机
	Pompe de transport de mortier *f.* 泵浆输送泵	Pompe de mortier à piston à simple cylindre 柱塞式单缸灰浆泵
		Pompe de mortier à piston à double cylindre *f.* 柱塞式双缸灰浆泵
		Pompe de mortier à membrane *f.* 隔膜式灰浆泵
		Pompe de mortier pneumatique *f.* 气动式灰浆泵
		Pompe de mortier par extrusion *f.* 挤压式灰浆泵
		Pompe de mortier à vis *f.* 螺杆式灰浆泵

51

Groupe/组	Type/型	Produit/产品
Machine de préparation et pulvérisation de mortier *f*. 砂浆制备及喷涂机械	Machine conjointe à mortier *f*. 砂浆联合机	Machine conjointe à mortier *f*. 灰浆联合机
	Machine à arroser la chaux *f*. 淋灰机	Machine à arroser la chaux *f*. 淋灰机
	Mélangeur de mortier de filasse de chanvre *m*. 麻刀灰拌和机	Mélangeur de mortier de filasse de chanvre *m*. 麻刀灰拌和机
Machine de pulvérisation de peinture *f*. 涂料喷刷机械	Machine de gunite *f*. 喷浆泵	Machine de gunite *f*. 喷浆泵
	Pulvérisateur sans air *m*. 无气喷涂机	Pulvérisateur sans air pneumatique *m*. 气动式无气喷涂机
		Pulvérisateur sans air électrique *m*. 电动式无气喷涂机
		Pulvérisateur sans air à combustion interne *m*. 内燃式无气喷涂机
		Pulvérisateur sans air à haute pression *m*. 高压无气喷涂机
	Pulvérisateur à air *m*. 有气喷涂机	Pulvérisateur pneumatique *m*. 抽气式有气喷涂机
		Pulvérisateur à air à chute automatique *m*. 自落式有气喷涂机
	Machine d'injection de plastique 喷塑机	Machine d'injection de plastique 喷塑机
	Machine de projection de plâtre *f*. 石膏喷涂机	Machine de projection de plâtre *f*. 石膏喷涂机
Machine de préparation et pulvérisation de peinture *f*. 油漆制备及喷涂机械	Pulvérisateur de peinture *m*. 油漆喷涂机	Pulvérisateur de peinture *m*. 油漆喷涂机
	Malaxeur de peinture *m*. 油漆搅拌机	Malaxeur de peinture *m*. 油漆搅拌机

（续表）

Groupe/组	Type/型	Produit/产品
Machine de finissage de sol *f.* 地面修整机械	Finisseuse de surface de la terre *f.* 地面抹光机	Truelle de surface de sol *f.* 地面抹光机
	Polisseur de plancher *m.* 地板磨光机	Polisseur de sol *m.* 地板磨光机
	Polisseur de plinthe *m.* 踢脚线磨光机	Machine à polir les plinthes 踢脚线磨光机
	Machine granito de terre *f.* 地面水磨石机	Machine granito à un disque *f.* 单盘水磨石机
		Machine granito à double disques *f.* 双盘水磨石机
		Machine granito à diamant *f.* 金刚石地面水磨石机
	Raboteuse de planche *f.* 地板刨平机	Raboteuse de planche *f.* 地板刨平机
	Cireur *m.* 打蜡机	Cireur *m.* 打蜡机
	Machine de balayage de sols *f.* 地面清除机	Machine de balayage de sols *f.* 地面清除机
	Découpeuse des briques de plancher *f.* 地板砖切割机	Découpeuse des briques de plancher *f.* 地板砖切割机
Machine de décor de toit *f.* 屋面装修机械	Machine à enduire de bitume *f.* 涂沥青机	Machine à enduire des toits de bitume *f.* 屋面涂沥青机
	Machine de pose de feutre *f.* 铺毡机	Machine de pose de feutre *f.* 屋面铺毡机
Nacelle de travail pour lieu haut *f.* 高处作业吊篮	Nacelle de travail pour lieu haut manuelle *f.* 手动式高处作业吊篮	Nacelle de travail pour lieu haut manuelle *f.* 手动高处作业吊篮
	Nacelle de travail pour lieu haut pneumatique *f.* 气动式高处作业吊篮	Nacelle de travail pour lieu haut pneumatique *f.* 气动高处作业吊篮

Groupe/组	Type/型	Produit/产品
Nacelle de travail pour lieu haut *f*. 高处作业吊篮	Nacelle de travail pour lieu haut électrique *f*. 电动式高处作业吊篮	Nacelle de travail pour lieu haut électrique à corde *f*. 电动爬绳式高处作业吊篮
		Nacelle de travail pour lieu haut électrique de type treuil *f*. 电动卷扬式高处作业吊篮
Machine à laver les vitres *f*. 擦窗机	Machine à laver les vitres sur roues *f*. 轮毂式擦窗机	Machine à laver les vitres de distribution de flèche télescopique sur roues *f*. 轮毂式伸缩变幅擦窗机
		Machine à laver les vitres de distribution de chariot sur roues *f*. 轮毂式小车变幅擦窗机
		Machine à laver les vitres de distribution de flèche sur roues *f*. 轮毂式动臂变幅擦窗机
	Machine à laver les vitres sur rails sur toit *f*. 屋面轨道式擦窗机	Machine à laver les vitres de distribution de flèche télescopique sur rails sur toit *f*. 屋面轨道式伸缩臂变幅擦窗机
		Machine à laver les vitres de distribution de chariot sur rails sur toit *f*. 屋面轨道式小车变幅擦窗机
		Machine à laver les vitres de distribution de flèche sur rails sur toit *f*. 屋面轨道式动臂变幅擦窗机
	Laveur de vitres sur rails suspendus *m*. 悬挂轨道式擦窗机	Machine à laver les vitres sur rails suspendus *f*. 悬挂轨道式擦窗机
	Machine à laver les vitres avec tige insérée *f*. 插杆式擦窗机	Machine à laver les vitres avec tige insérée *f*. 插杆式擦窗机
	Machine à laver les vitres avec toboggan *f*. 滑梯式擦窗机	Machine à laver les vitres avec toboggan *f*. 滑梯式擦窗机

54

Groupe/组	Type/型	Produit/产品
Machine de décoration de bâtiment f. 建筑装修机具	Machine de clouage f. 射钉机	Machine de clouage f. 射钉机
	Grattoir m. 铲刮机	Grattoir électrique m. 电动铲刮机
	Machine à rainurer f. 开槽机	Machine à rainurer sur béton f. 混凝土开槽机
	Machine de découpe de pierre f. 石材切割机	Machine de découpe de pierre f. 石材切割机
	Découpeur à profilés m. 型材切割机	Découpeur à profilés m. 型材切割机
	Décolleuse f. 剥离机	Décolleuse f. 剥离机
	Polisseuse d'angle f. 角向磨光机	Polisseuse d'angle f. 角向磨光机
	Coupe de béton f. 混凝土切割机	Coupe de béton f. 混凝土切割机
	Coupe de couture de béton f. 混凝土切缝机	Coupe de couture de béton f. 混凝土切缝机
	Perceuse de béton f. 混凝土钻孔机	Perceuse de béton f. 混凝土钻孔机
	Machine de polissage de pélikanite f. 水磨石磨光机	Machine de polissage de pélikanite f. 水磨石磨光机
	Pioche électrique f. 电镐	Pioche électrique f. 电镐
Autres machines de décoration 其他装修机械	Machine à encoller le papier peint f. 贴墙纸机	Machine à encoller le papier peint f. 贴墙纸机
	Machine de nettoyage de pierre à vis f. 螺旋洁石机	Machine de nettoyage de pierre à vis f. 单螺旋洁石机
	Perforateur m. 穿孔机	Perforateur m. 穿孔机
	Machine à injecter le mortier par trou f. 孔道压浆剂	Machine à injecter le mortier par trou f. 孔道压浆剂

Groupe/组	Type/型	Produit/产品
Autres machines de décoration 其他装修机械	Presse à cintrer les tubes *f*. 弯管机	Presse à cintrer les tubes *f*. 弯管机
	Machine de filetage et de coupe pour tube *f*. 管子套丝切断机	Machine de filetage et de coupe pour tube *f*. 管子套丝切断机
	Machine à fileter et cintrer pour tube *f*. 管材弯曲套丝机	Machine à fileter et cintrer pour tube *f*. 管材弯曲套丝机
	Machine à chanfreiner *f*. 坡口机	Machine électrique à chanfreiner électrique *f*. 电动坡口机
	Machine de revêtement de projectile *f*. 弹涂机	Machine électrique de revêtement de projectile *f*. 电动弹涂机
	Machine de revêtement à rouleau *f*. 滚涂机	Machine électrique de revêtement à rouleau *f*. 电动滚涂机

56

14 Matériel de précontrainte et ferraillage *m*. 钢筋及预应力机械

Groupe/组	Type/型	Produit/产品
Machine de renforcement de ferraillage *f*. 钢筋强化机械	Étireuse de ferraillage *f*. 钢筋拉直机	Étireuse à froid à tige d'acier de type treuil *f*. 卷扬机式钢筋冷拉机
		Étireuse à froid à tige d'acier hydraulique *f*. 液压式钢筋冷拉机
		Étireuse à froid à tige d'acier à galet *f*. 滚轮式钢筋冷拉机
	Étireuse à froid de ferraillage *f*. 钢筋冷拔机	Étireuse à froid de ferraillage verticale *f*. 立式冷拔机
		Étireuse à froid de ferraillage horizontale *f*. 卧式冷拔机
		Étireuse à froid de ferraillage en série *f*. 串联式冷拔机

（续表）

Groupe/组	Type/型	Produit/产品
Machine de renforcement de ferraillage f. 钢筋强化机械	Façonneuse de tige d'acier nervurée et étirée à froid f. 冷轧钢筋带肋成型机	Façonneuse à commande de tige d'acier nervurée et étirée à froid f. 主动冷轧带肋钢筋成型机
		Profileuse d'armature nervurée de laminage passif à froid f. 被动冷轧带肋钢筋成型机
	Façonneuse de tige d'acier torsadée et laminée f. 冷轧扭钢筋成型机	Façonneuse de tige d'acier torsadée et laminée rectangulaire f. 长方形冷轧扭钢筋成型机
		Façonneuse de tige d'acier torsadée et laminée carrée f. 正方形冷轧扭钢筋成型机
	Façonneuse de tige d'acier filetée et étirée à froid f. 冷拔螺旋钢筋成型机	Façonneuse de tige d'acier filetée et étirée à froid carrée f. 方形冷拔螺旋钢筋成型机
		Façonneuse de tige d'acier filetée et étirée à froid ronde f. 圆形冷拔螺旋钢筋成型机
Façonneuse de tige d'acier f. 单件钢筋成型机械	Cisailleuse de ferraillage f. 钢筋切断机	Cisailleuse de ferraillage manuelle f. 手持式钢筋切断机
		Cisailleuse de ferraillage horizontale f. 卧式钢筋切断机
		Cisailleuse de ferraillage verticale f. 立式钢筋切断机
		Machine de découpe de fer à mâchoire f. 颚剪式钢筋切断机
	Chaîne de production de découpe de ferraillage f. 钢筋切断生产线	Chaîne de production de cisaillage de ferraillage f. 钢筋剪切生产线
		Chaîne de production de sciage de ferraillage f. 钢筋锯切生产线
	Dresseuse-cisailleuse de ferraillage f. 钢筋调直切断机	Dresseuse-cisailleuse de ferraillage mécanique f. 械式钢筋调直切断机
		Dresseuse-cisailleuse de ferraillage hydraulique f. 液压式钢筋调直切断机
		Dresseuse-cisailleuse de ferraillage pneumatique f. 气动式钢筋调直切断机

57

(续表)

Groupe/组	Type/型	Produit/产品
Machine de formage d'un tige d'acier *f.* 单件钢筋成型机械	Machine de courbage de ferraillage *f.* 钢筋弯曲机	Machine de courbage de ferraillage mécanique *f.* 机械式钢筋弯曲机
		Machine de courbage de ferraillage hydraulique *f.* 液压式钢筋弯曲机
	Chaîne de production de courbage de ferraillage *f.* 钢筋弯曲生产线	Chaîne de production de courbage de ferraillage verticale *f.* 立式钢筋弯曲生产线
		Chaîne de production de courbage de ferraillage horizontale *f.* 卧式钢筋弯曲生产线
	Machine de pliage en arc de ferraillage *f.* 钢筋弯弧机	Machine de pliage en arc de ferraillage mécanique *f.* 机械式钢筋弯弧机
		Machine de pliage en arc de ferraillage hydraulique *f.* 液压式钢筋弯弧机
	Machine de pliage en collier de ferraillage *f.* 钢筋弯箍机	Machine de pliage en collier de ferraillage à commande numérique *f.* 数控钢筋弯箍机
	Façonneuse de filetage de ferraillage *f.* 钢筋螺纹成型机	Façonneuse de filetage conique de ferraillage *f.* 钢筋锥螺纹成型机
		Façonneuse de filetage droit de ferraillage *f.* 钢筋直螺纹成型机
	Chaîne de production de filetage de ferraillage *f.* 钢筋螺纹生产线	Chaîne de production de filetage de ferraillage *f.* 钢筋螺纹生产线
	Machine à refouler la tête de barre en acier *f.* 钢筋墩头机	Machine à refouler la tête de barre en acier *f.* 钢筋墩头机
Machine de mise en volume de ferraillage combiné *f.* 组合钢筋成型机械	Machine de mise en volume de grillage d'armature *f.* 钢筋网成型机	Machine de mise en volume de grillage d'armature par soudage *f.* 钢筋网焊接成型机

Groupe/组	Type/型	Produit/产品
Machine de mise en volume de ferraillage combiné *f*. 组合钢筋成型机械	Machine de mise en volume de cage de ferraillage *f*. 钢筋笼成型机	Machine de mise en volume de cage de ferraillage par soudage manuel *f*. 手动焊接钢筋笼成型机
		Machine de mise en volume de cage de ferraillage par soudage automoteur *f*. 自动焊接钢筋笼成型机
	Façonneuse de treillis de ferraillage *f*. 钢筋桁架成型机	Façonneuse de treillis de ferraillage mécanique *f*. 机械式钢筋桁架成型机
		Façonneuse de treillis de ferraillage hydraulique *f*. 液压式钢筋桁架成型机
Machine à raccorder le ferraillage *f*. 钢筋连接机械	Soudeuse bout à bout en acier *f*. 钢筋对焊机	Soudeuse bout à bout en acier mécanique *f*. 机械式钢筋对焊机
		Soudeuse bout à bout en acier hydraulique *f*. 液压式钢筋对焊机
	Soudeuse à pression de laitier d'acier *f*. 钢筋电渣压力焊机	Soudeuse à pression de laitier d'acier *f*. 钢筋电渣压力焊机
	Soudeuse à pression de gaz en acier *f*. 钢筋气压焊机	Soudeuse à pression de gaz en acier de type enfermé *f*. 闭合式气压焊机
		Soudeuse à pression de gaz en acier de type ouvert *f*. 敞开式气压焊机
	Machine à extruder le manchon d'armature *f*. 钢筋套筒挤压机	Machine à extruder radialement le manchon d'armature *f*. 径向钢筋套筒挤压机
		Machine à extruder axialement le manchon d'armature *f*. 轴向钢筋套筒挤压机
Machine de précontrainte *f*. 预应力机械	Machine à tête d'armature d'acier précontraint *f*. 预应力钢筋墩头器	Machine électrique d'écrasement à froid d'armature *f*. 电动冷镦机
		Machine hydraulique d'écrasement à froid d'armature *f*. 液压冷镦机

59

Groupe/组	Type/型	Produit/产品
Machine de précontrainte *f*. 预应力机械	Machine de tension de câble précontraint *f*. 预应力钢筋张拉机	Machine mécanique de tension *f*. 机械式张拉机
		Machine hydraulique de tension *f*. 液压式张拉机
	Machine à tirer des câbles d'acier précontraint *f*. 预应力钢筋穿束机	Machine à tirer des câbles d'acier précontraint *f*. 预应力钢筋串束机
		Machine d'injection d'acier précontraint *f*. 预应力钢筋灌浆机
	Vérin précontraint *m*. 预应力千斤顶	Vérin précontraint discontinu avant *m*. 前卡式预应力千斤顶
		Vérin précontraint continu *m*. 连续式预应力千斤顶
Appareil pour des câbles d'acier précontraint *m*. 预应力机具	Dispositif d'ancrage pour des câbles d'acier précontraint *m*. 预应力筋用锚具	Dispositif d'ancrage pour des câbles d'acier précontraint discontinu avant *m*. 前卡式预应力锚具
		Dispositif d'ancrage pour des câbles d'acier précontraint traversant *m*. 穿心式预应力锚具
	Outillage de fixation pour des câbles d'acier précontraint *m*. 预应力筋用夹具	Outillage de fixation pour des câbles d'acier précontraint *m*. 预应力筋用夹具
	Dispositif d'accouplement pour des câbles d'acier précontraint *m*. 预应力筋用连接器	Dispositif d'accouplement pour des câbles d'acier précontraint *m*. 预应力筋用连接器
Autres matériels de précontrainte et ferraillage 其他钢筋及预应力机械		

15　Machine de forage de roche *f.* 凿岩机械

Groupe/组	Type/型	Produit/产品
Marteau de foreuse *m.* 凿岩机	Marteau pneumatique de foreuse manuel *m.* 气动手持式凿岩机	Marteau de foreuse manuel *m.* 手持式凿岩机
	Marteau pneumatique de foreuse *m.* 气动凿岩机	Foreuse à air-jambe à double usage portable *f.* 手持气腿两用凿岩机
		Foreuse à air-jambe *f.* 气腿式凿岩机
		Foreuse à air-jambe à haute fréquence *f.* 气腿式高频凿岩机
		Foreuse pneumatique ascendant *f.* 气动向上式凿岩机
		Foreuse pneumatique sur rail de guidage *f.* 气动导轨式凿岩机
		Perforatrice rotative indépendante à air sur rail *f.* 气动导轨式独立回转凿岩机
	Foreuse portable à combustion interne *f.* 内燃手持式凿岩机	Foreuse portable à combustion interne *f.* 手持式内燃凿岩机
	Foreuse hydraulique *f.* 液压凿岩机	Foreuse hydraulique portable *f.* 手持式液压凿岩机
		Foreuse hydraulique à jambe *f.* 支腿式液压凿岩机
		Foreuse hydraulique sur rail de guidage *f.* 导轨式液压凿岩机
	Foreuse électrique 电动凿岩机	Foreuse électrique portable *f.* 手持式电动凿岩机
		Foreuse électrique à jambe *f.* 支腿式电动凿岩机
		Foreuse électrique sur rail de guidage *f.* 导轨式电动凿岩机

Groupe/组	Type/型	Produit/产品
Sondeuse et jumbo en plein air *f*. 露天钻车钻机	Sondeuse en plein air pneumatique/semi-hydraulique à chenilles *f*. 气动、半液压履带式露天钻机	Sondeuse en plein air à chenilles 履带式露天钻机
		Sondeuse au fond du trou(DTH) en plein air à chenilles *f*. 履带式潜孔露天潜孔钻机
		Sondeuse au fond du trou(DTH) à haute/moyenne pression en plein air à chenilles *f*. 履带式潜孔露天中压/高压潜孔钻机
	Jumbo en plein air pneumatique/semi-hydraulique sur skid *m*. 气动、半液压轨轮式露天钻车	Jumbo en plein air sur pneus *m*. 轮胎式露天钻车
		Jumbo en plein air sur skid *m*. 轨轮式露天钻车
	Sondeuse hydraulique à chenilles *f*. 液压履带式钻机	Sondeuse hydraulique en plein air à chenilles *f*. 履带式露天液压钻机
		Sondeuse au fond du trou hydraulique en plein air à chenilles *f*. 履带式露天液压潜孔钻机
	Sondeuse hydraulique *f*. 液压钻车	Sondeuse hydraulique en plein air sur pneus *f*. 轮胎式露天液压钻车
		Sondeuse hydraulique en plein air sur rails *f*. 轨轮式露天液压钻车
Sondeuse et jumbo au fond d'un puits *f*. 井下钻车钻机	Sondeuse pneumatique/semi-hydraulique à chenilles *f*. 气动、半液压履带式钻机	Sondeuse pour exploitation minière à chenilles *f*. 履带式采矿机
		Sondeuse pour excavation à chenilles *f*. 履带式掘进钻机
		Sondeuse à jas d'ancre à chenilles *f*. 履带式锚杆钻机
	Jumbo pneumatique/semi-hydraulique *m*. 气动、半液压式钻车	Jumbo pour exploitation minière/pour excavation/à jas d'ancre sur pneus *m*. 轮胎式采矿/掘进/锚杆钻车
		Jumbo pour exploitation minière/pour excavation/à jas d'ancre sur skid *m*. 轨轮式采矿/掘进/锚杆钻车

(续表)

Groupe/组	Type/型	Produit/产品
Sondeuse et jumbo au fond d'un puits *f.* 井下钻车钻机	Sondeuse complètement hydraulique à chenilles *f.* 全液压履带式钻机	Sondeuse hydraulique pour exploitation minière/pour excavation/à jas d'ancre à chenilles *f.* 履带式液压采矿/掘进/锚杆钻机
	Jumbo complètement hydraulique *m.* 全液压钻车	Jumbo hydraulique pour exploitation minière/pour excavation/à jas d'ancre sur pneus *m.* 轮胎式液压采矿/掘进/锚杆钻车
		Jumbo hydraulique pour exploitation minière/pour excavation/à jas d'ancre sur skid *m.* 轨轮式液压采矿/掘进/锚杆钻车
Machine de percussion au fond du trou pneumatique *f.* 气动潜孔冲击器	Machine de percussion au fond du trou à basse pression de gaz *f.* 低气压潜孔冲击器	Machine de percussion au fond du trou *f.* 潜孔冲击器
	Machine de percussion au fond du trou à moyenne/haute pression de gaz *f.* 中、高气压潜孔冲击器	Machine de percussion au fond du trou à moyenne/haute pression de gaz *f.* 中压/高压潜孔冲击器
Équipement auxiliaire de forage de roche *m.* 凿岩辅助设备	Jambe *f.* 支腿	Air-jambe/jambe d'eau/jambe d'huile/béquille à main *m.* 气腿/水腿/油腿/手摇式支腿
	Support de forage à colonne 柱式钻架	Support de forage à un/double colonne *m.* 单柱式/双柱式钻架
	Support de forage à disque *m.* 圆盘式钻架	Support de forage à disque/à parapluie/annulaire *m.* 圆盘式/伞式/环形钻架
	Autres 其他	Collecteur de poussière/injecteur d'huile/meuleuse de fleuret *m.* 集尘器、注油器、磨钎机
Autres machines de forage de roche 其他凿岩机械		

63

16 Outil pneumatique *m*. 气动工具

Groupe/组	Type/型	Produit/产品
Outil pneumatique rotatif *m*. 回转式气动工具	Stylo de gravure *m*. 雕刻笔	Stylo de gravure pneumatique *m*. 气动雕刻笔
	Perceuse pneumatique *f*. 气钻	Perceuse pneumatique à poignée droite/à crosse/avec manche latérale/à usage combinée/trépan pneumatique/fraise pneumatique *f*. 直柄式/枪柄式/侧柄式/组合用气钻/气动开颅钻/气动牙钻
	Machine à tarauder *f*. 攻丝机	Machine pneumatique à tarauder à poignée droite/à crosse/à usage combinée *f*. 直柄式/枪柄式/组合用气动攻丝机
	Machine à meuler *f*. 砂轮机	Machine à meuler à poignée droite/d'angle/de l'extrémité/combinée/brosse mécanique pneumatique à poignée droite *f*. 直柄式/角向/断面式/组合气动砂轮机/直柄式气动钢丝刷
	Polissoir *m*. 抛光机	Polissoir de l'extrémité/circulaire/d'angle *m*. 端面/圆周/角向抛光机
	Ponceuse *f*. 磨光机	Ponceuse pneumatique de l'extrémité/circulaire/alternative/à ceinture de meulage/à coulisseau/triangulaire *f*. 端面/圆周/往复式/砂带式/滑板式/三角式气动磨光机
	Fraise *f*. 铣刀	Fraise pneumatique/fraise pneumatique d'angle *f*. 气铣刀/角式气铣刀
	Scie pneumatique *f*. 气锯	Scie pneumatique à ruban/à d'oscillation de ruban/à disque/à chaîne *f*. 带式/带式摆动/圆盘式/链式气锯
		Scie mince pneumatique *f*. 气动细锯
	Ciseaux *pl*. 剪刀	Machine pneumatique à cisailler/machine pneumatique à cisailler à percussion *f*. 气动剪切机/气动冲剪机

（续表）

Groupe/组	Type/型	Produit/产品
Outil pneumatique rotatif *m*. 回转式气动工具	Tournevis pneumatique *m*. 气螺刀	Tournevis pneumatique à poignée droite/à crosse/d'angle à décrochage *m*. 直柄式/枪柄式/角式失速型气螺刀
	Gâchette pneumatique *f*. 气扳机	Gâchette pneumatique sans choc à décrochage à crosse/d'embrayage/d'arrêt automatique *f*. 枪柄式失速型/离合型/自动关闭型纯扭气扳机
		Gâchette pneumatique à goujon pneumatique *f*. 气动螺柱气扳机
		Gâchette pneumatique à poignée droite/à couple de torsion fixé à poignée droite *f*. 直柄式/直柄式定扭矩气扳机
		Gâchette pneumatique de stockage d'énergie *f*. 储能型气扳机
		Gâchette pneumatique à grande vitesse à poignée droite *f*. 直柄式高速气扳机
		Gâchette pneumatique à crosse/à crosse à couple de torsion fixé/à crosse à grande vitesse *f*. 枪柄式/枪柄式定扭矩/枪柄式高速气扳机
		Gâchette pneumatique d'angle/d'angle à couple de torsion fixé/d'angle à grande vitesse *f*. 角式/角式定扭矩/角式高速气扳机
		Gâchette pneumatique combinée *f*. 组合式气扳机
		Gâchette pneumatique à poignée droite/à crosse/d'angle/à impulsion de contrôle électrique *f*. 直柄式/枪柄式/角式/电控型脉冲气扳机
	Vibrateur *m*. 振动器	Vibrateur pneumatique rotatif *m*. 回转式气动振动器

65

Groupe/组	Type/型	Produit/产品
66 Outil pneumatique à percussion *m*. 冲击式气动工具	Riveteuse *f*. 铆钉机	Riveteuse pneumatique à poignée droite/à poignée tordue/à crosse *f*. 直柄式/弯柄式/枪柄式气动铆钉机
		Riveteuse d'étirage/riveteuse de presse pneumatique *f*. 气动拉铆钉机/压铆钉机
	Cloueuse *f*. 打钉机	Cloueuse pneumatique/cloueuse pneumatique des clous bandes/des clous en U *f*. 气动打钉机/条形钉/U 型钉气动打钉机
	Machine à relier 订合机	Machine pneumatique à relier *f*. 气动订合机
	Machine à cintrer *f*. 折弯机	Machine à cintrer *f*. 折弯机
	Imprimante *f*. 打印器	Imprimante *f*. 打印器
	Pince *f*. 钳	Pince pneumatique/hydraulique *f*. 气动钳/液压钳
	Machine à fendre *f*. 劈裂机	Machine à fendre pneumatique/hydraulique *f*. 气动/液压劈裂机
	Expandeur *m*. 扩张器	Expandeur hydraulique *m*. 液压扩张机
	Cisaille hydraulique *f*. 液压剪	Cisaille hydraulique *f*. 液压剪
	Mélangeur *m*. 搅拌机	Mélangeur pneumatique *m*. 气动搅拌机
	Cercleuse *f*. 捆扎机	Cercleuse pneumatique *f*. 气动捆扎机
	Machine à sceller *f*. 封口机	Machine pneumatique à sceller *f*. 气动封口机
	Marteau à briser *m*. 破碎锤	Marteau pneumatique à briser *m*. 气动破碎锤
	Pioche *f*. 镐	Pioche pneumatique/hydraulique/à combustion interne/électrique *f*. 气镐、液压镐、内燃镐、电动镐

（续表）

Groupe/组	Type/型	Produit/产品
Outil pneumatique à percussion *m*. 冲击式气动工具	Pelle pneumatique *f*. 气铲	Pelle pneumatique à poignée droite/à poignée tordue/à poignée circulaire/machine à pelleter la pierre *f*. 直柄式/弯柄式/环柄式气铲/铲石机
	Machine de bourrage *f*. 捣固机	Bourreuse pneumatique/bourreuse des bois de voie/bourreuse de pisé *f*. 气动捣固机/枕木捣固机/夯土捣固机
	Lime *f*. 锉刀	Lime pneumatique rotative/alternative/alternative rotative/d'oscillation tournant *f*. 旋转式/往复式/旋转往复式/旋转摆动式气锉刀
	Spatule *f*. 刮刀	Spatule pneumatique/spatule pneumatique d'oscillation *f*. 气动刮刀/气动摆动式刮刀
	Machine à graver *f*. 雕刻机	Machine pneumatique à graver rotative *f*. 回转式气动雕刻机
	Machine pour augmenter la rugosité *f*. 凿毛机	Machine pneumatique pour augmenter la rugosité *f*. 气动凿毛机
	Vibrateur *m*. 振动器	Tige vibrante pneumatique *m*. 气动振动棒
		Vibrateur de percussion *m*. 冲击式振动器
Autres machines pneumatiques 其他气动机械	Moteur pneumatique *m*. 气动马达	Moteur pneumqtique à palettes *m*. 叶片式气动马达
		Moteur pneumatique à piston/à piston vertical *m*. 活塞式/轴向活塞式气动马达
		Moteur pneumatique à engrenage *m*. 齿轮式气动马达
		Moteur pneumatique à turbine *m*. 透平式气动马达
	Pompe pneumatique *f*. 气动泵	Pompe pneumatique *f*. 气动泵
		Pompe pneumatique à membrane *f*. 气动隔膜泵

67

(续表)

Groupe/组	Type/型	Produit/产品
Autres machines pneumatiques 其他气动机械	Palan pneumatique *m*. 气动吊	Palan pneumatique à chaîne annulaire/à câble métallique *m*. 环链式/钢绳式气动吊
	Treuil pneumatique *m*. 气动绞车/绞盘	Treuil pneumatique *m*. 气动绞车/气动绞盘
	Machine de pieux 气动桩机	Mouton de sonnette/arracheur de pieux *m*. 气动打桩机/拔桩机
Autres outils pneumatique 其他气动工具		

17 Machine de construction militaire *f*. 军用工程机械

Groupe/组	Type/型	Produit/产品
Engin routier *m*. 道路机械	Véhicule blindé de génie *m*. 装甲工程车	Véhicule blindé de génie à chenilles *m*. 履带式装甲工程车
		Véhicule blindé de génie à roues *m*. 轮式装甲工程车
	Véhicule de génie polyvalent *m*. 多用工程车	Véhicule de génie polyvalent à chenilles *m*. 履带式多用工程车
		Véhicule de génie polyvalent à roues *m*. 轮式多用工程车
	Bulldozer *m*. 推土机	Bulldozer à chenilles *m*. 履带式推土机
		Bulldozer à roues *m*. 轮式推土机
	Chargeur *m*. 装载机	Chargeur à roues *m*. 轮式装载机
		Chargeur coulissant *m*. 滑移装载机
	Niveleuse *f*. 平地机	Niveleuse automotrice *f*. 自行式平地机
	Rouleau compacteur *m*. 压路机	Rouleau compacteur vibrant *m*. 振动式压路机
		Rouleau compacteur statique *m*. 静作式压路机

（续表）

Groupe/组	Type/型	Produit/产品
Engin routier *m*. 道路机械	Chasse-neige *f*. 除雪机	Chasse-neige à rotor *f*. 轮子式除雪机
		Chasse-neige à charrue *f*. 犁式除雪机
Machine de fortification de champ *f*. 野战筑城机械	Trancheuse *f*. 挖壕机	trancheuse à chenilles *f*. 履带式挖壕机
		trancheuse à roues *f*. 轮式挖壕机
	creuseur *m*. 挖坑机	creuseur à chenilles *m*. 履带式挖坑机
		creuseur à roues *m*. 轮式挖坑机
	excavateur *m*. 挖掘机	excavateur à chenilles *m*. 履带式挖掘机
		excavateur tout terrain *m*. 轮式挖掘机
		Creuseur tout terrain *m*. 山地挖掘机
	Excavateur *m*. 野战工事作业机械	Véhicule de travail de terrain *m*. 野战工事作业车
		Machine de travail dans les montagnes et la jungle *f*. 山地丛林作业机
	Machine de forage *f*. 钻孔机具	Foreuse du sol *f*. 土钻
		Tarière de formage rapide de trou *f*. 快速成孔钻机
	Machine de travail sur sol gelé *f*. 冻土作业机械	Trancheuse à dynamite mécanique *f*. 机-爆式挖壕机
		Machine de forage de puis sur sol gelé *f*. 冻土钻井机
Machine de fortification permanente *f*. 永备筑城机械	Marteau perforateur *m*. 凿岩机	Marteau perforateur *m*. 凿岩机
		Engin mobile de forage de roche *m*. 凿岩台车

69

(续表)

Groupe/组	Type/型	Produit/产品
Machine de fortification permanente *f*. 永备筑城机械	Compresseur à air *m*. 空压机	Compresseur à air électrique *m*. 电动机式空压机
		Compresseur à air à combustion interne *m*. 内燃机式空压机
	Ventilateur de tunnel *m*. 坑道通风机	Ventilateur de tunnel *m*. 坑道通风机
	Excavateur combiné de tunnel *m*. 坑道联合掘进机	Excavateur combiné de tunnel *m*. 坑道联合掘进机
	Chargeur de roche de tunnel *m*. 坑道装岩机	Chargeur de roche de tunnel sur rail *m*. 坑道式装岩机
		Chargeur de roche de tunnel sur pneus *m*. 轮胎式装岩机
	Machine de couverture de tunnels 坑道被覆机械	Véhicule à moules en acier *m*. 钢模台车
		Bétonneuse 混凝土浇注机
		Injecteur de béton *m*. 混凝土喷射机
	Broyeur *m*. 碎石机	Broyeur à mâchoire *m*. 颚式碎石机
		Concasseur à cône *m*. 圆锥式碎石机
		Concasseur à rouleau *m*. 辊式碎石机
		Concasseur à marteau *m*. 锤式碎石机
	Tamiseur *m*. 筛分机	Tamiseur à tambour *m*. 滚筒式筛分机
	Malaxeur de béton *m*. 混凝土搅拌机	Malaxeur de béton inversé *m*. 倒翻式凝土搅拌机
		Malaxeur de béton incliné *m*. 倾斜式凝土搅拌机
		Malaxeur de béton rotatif *m*. 回转式凝土搅拌机

（续表）

Groupe/组	Type/型	Produit/产品
Machine de fortification permanente *f.* 永备筑城机械	Machine de traitement de l'acier *f.* 钢筋加工机械	Machine de dressage et découpage de ferraillage *f.* 直筋-切筋机
		Machine de courbage de ferraillage *f.* 弯筋机
	Machine de traitement de bois *f.* 木材加工机械	Scie motorisée *f.* 摩托锯
		Scie circulaire *f.* 圆锯机
Machine de pose/détection/chasse de mines *f.* 布、探、扫雷机械	Machine de pose de mines *f.* 布雷机械	Machine de pose de mines à chenilles *f.* 履带式布雷车
		Machine de pose de mines sur pneus *f.* 轮胎式布雷车
	Machine de détection de mines *f.* 探雷机械	Véhicule de détection de mines routier *m.* 道路探雷车
	Machine de déminage *f.* 扫雷机械	Machine de déminage mécanique 机械式扫雷车
		Machine de déminage synthétique 综合式扫雷车
Mécanisme d'érection de pont *f.* 架桥机械	Machine de travail d'érection de pont *f.* 架桥作业机械	Véhicule de travail de pont *m.* 架桥作业车
	Pont mécanisé *m.* 机械化桥	Pont mécanisé à chenilles *m.* 履带式机械化桥
		Pont mécanisé sur pneus *m.* 轮胎式机械化桥
	Machine de battage de pieux *f.* 打桩机械	Mouton de sonnette *m.* 打桩机
Machine d'approvisionnement en eau sur le terrain *f.* 野战给水机械	Véhicule de détection de source *m.* 水源侦察车	Véhicule de détection de source *m.* 水源侦察车
	Machine de forage de puits *f.* 钻井机	Machine de forage de puits rotative *f.* 回转式钻井机
		Machine de forage de puits à percussion *f.* 冲击式钻井机

Groupe/组	Type/型	Produit/产品
Machine d'approvision-nement en eau sur le terrain f. 野战给水机械	Machine de puisage de l'eau f. 汲水机械	Pompe à eau à combustion interne f. 内燃抽水机
		Pompe à eau électrique f. 电动抽水机
	Machine de purification de l'eau f. 净水机械	Véhicule de purification de l'eau automoteur m. 自行式净水车
		Véhicule de purification de l'eau tracté m. 拖式净水车
Machine de camouflage f. 伪装机械	Véhicule d'enquête de camouflage m. 伪装勘测车	Véhicule d'enquête de camouflage m. 伪装勘测车
	Véhicule de travail de camouflage m. 伪装作业车	Véhicule de travail en couleur de camouflage m. 迷彩作业车
		Véhicule de cible-piège m. 假目标制作车
		Véhicule d'obstacle (d'altitude) m. 遮障(高空)作业车
Véhicule de travail de sauvegarde m. 保障作业车辆	Centrale électrique mobile f. 移动式电站	Centrale électrique mobile automotrice 自行式移动式电站
		Centrale électrique mobile tractée f. 拖式移动式电站
	Véhicule de travail de génie de métal et bois m. 金木工程作业车	Véhicule de travail de génie de métal et bois m. 金木工程作业车
	Engin élévateur m. 起重机械	Grue automobile 汽车起重机
		Grue sur pneus 轮胎式起重机
	Wagon-atelier hydraulique m. 液压检修车	Wagon-atelier hydraulique m. 液压检修车
	Véhicule de maintenance pour matériels de construction m. 工程机械修理车	Véhicule de maintenance pour matériels de construction m. 工程机械修理车

Groupe/组	Type/型	Produit/产品
Véhicule de travail de sauvegarde *m*. 保障作业车辆	Tracteur spécial *m*. 专用牵引车	Tracteur spécial *m*. 专用牵引车
	Véhicule de source d'électricité *m*. 电源车	Véhicule de source d'électricité *m*. 电源车
	Véhicule de source de gaz *m*. 气源车	Véhicule de source de gaz *m*. 气源车
Autres machines de construction militaire 其他军用工程机械		

18　Ascenseur et escalier *m*. 电梯及扶梯

Groupe/组	Type/型	Produit/产品
Ascenseur *m*. 电梯	Ascenseur pour passagers *m*. 乘客电梯	Ascenseur pour passagers à courant continu *m*. 交流乘客电梯
		Ascenseur pour passagers à courant alternatif *m*. 直流乘客电梯
		Ascenseur pour passagers hydraulique *m*. 液压乘客电梯
	Ascenseur pour charges *m*. 载货电梯	Ascenseur pour charges à courant alternatif *m*. 交流载货电梯
		Ascenseur pour charges hydraulique *m*. 液压载货电梯
	Ascenseur pour passagers et charges *m*. 客货电梯	Ascenseur pour passagers et charges à courant continu *m*. 交流客货电梯
		Ascenseur pour passagers et charges à courant alternatif *m*. 直流客货电梯
		Ascenseur pour passagers et charges hydraulique *m*. 液压客货电梯

(续表)

Groupe/组	Type/型	Produit/产品
Ascenseur *m*. 电梯	Ascenseur pour lits d'hôpital *m*. 病床电梯	Ascenseur pour lits d'hôpital à courant alternatif *m*. 交流病床电梯
		Ascenseur pour lits d'hôpital hydraulique *m*. 液压病床电梯
	Ascenseur résidentiel *m*. 住宅电梯	Ascenseur résidentiel à courant alternatif *m*. 交流住宅电梯
	Ascenseur pour matériels divers *m*. 杂物电梯	Ascenseur pour matériels divers à courant alternatif *m*. 交流杂物电梯
	Ascenseur touristique *m*. 观光电梯	Ascenseur touristique à courant alternatif *m*. 交流观光电梯
		Ascenseur touristique à courant continu *m*. 直流观光电梯
		Ascenseur touristique hydraulique *m*. 液压观光电梯
	Ascenseur pour bâteaux *m*. 船用电梯	Ascenseur pour bâteaux à courant alternatif *m*. 交流船用电梯
		Ascenseur pour bâteaux hydraulique *m*. 液压船用电梯
	Ascenseur pour véhicules *m*. 车辆用电梯	Ascenseur pour véhicules à courant alternatif *m*. 交流车辆用电梯
		Ascenseur pour véhicules hydraulique *m*. 液压车辆用电梯
	Ascenseur antidéflagrant *m*. 防爆电梯	Ascenseur antidéflagrant *m*. 防爆电梯
Escalateur automatique *m*. 自动扶梯	Escalateur automatique général *m*. 普通型自动扶梯	Escalateur automatique général à chaîne *m*. 普通型链条式自动扶梯
		Escalateur automatique général à crémaillère *m*. 普通型齿条式自动扶梯

74

（续表）

Groupe/组	Type/型	Produit/产品
Escalateur automatique *m*. 自动扶梯	Escalateur automatique de transport en commun *m*. 公共交通型自动扶梯	Escalateur automatique de transport en commun à chaîne *m*. 公共交通型链条式自动扶梯
		Escalateur automatique de transport en commun à crémaillère *m*. 公共交通型齿条式自动扶梯
	Escalateur automatique en spirale *m*. 螺旋形自动扶梯	Escalateur automatique en spirale *m*. 螺旋形自动扶梯
Trottoir mobile *m*. 自动人行道	Trottoir mobile général *m*. 普通型自动人行道	Trottoir mobile général à marchepieds *m*. 普通型踏板式自动人行道
		Trottoir mobile général à tambour à bande adhésive *m*. 普通型胶带滚筒式自动人行道
	Trottoir mobile de transport en commun *m*. 公共交通型自动人行道	Trottoir mobile de transport en commun à marchepieds *m*. 公共交通型踏板式自动人行道
		Trottoir mobile de transport en commun à tambour à bande adhésive *m*. 公共交通型胶带滚筒式自动人行道
Autres ascenseurs et escaliers 其他电梯及扶梯		

19 Accessoires de matériels de construction *m*.
工程机械配套件

Groupe/组	Type/型	Produit/产品
Système de moteur *m*. 动力系统	Moteur à combustion interne *m*. 内燃机	Moteur à diesel *m*. 柴油发动机
		Moteur à essence *m*. 汽油发动机
		Moteur à gaz *m*. 燃气发动机
		Moteur à double puissance *m*. 双动力发动机

Groupe/组	Type/型	Produit/产品
Système de moteur *m*. 动力系统	Batterie de moteur *f*. 动力蓄电池组	Batterie de moteur *f*. 动力蓄电池组
	Dispositif auxiliaire *m*. 附属装置	Radiateur d'eau（réservoir d'eau）*m*. 水散热箱（水箱）
		Refroidisseur d'huile de moteur *m*. 机油冷却器
		Ventilateur de refroidissement *m*. 冷却风扇
		Réservoir d'essence *m*. 燃油箱
		Turbocompresseur *m*. 涡轮增压器
		Filtre à air *m*. 空气滤清器
		Filtre à huile *m*. 机油滤清器
		Filtre à diesel *m*. 柴油滤清器
		Assemblage de tuyau d'échappement （silencieux）*m*. 排气管（消声器）总成
		Compresseur d'air *m*. 空气压缩机
		Alternateur *m*. 发电机
		Moteur de démarrage *m*. 启动马达
Système de transmission *m*. 传动系统	Embrayage *m*. 离合器	Embrayage à sec *m*. 干式离合器
		Embrayage de type humide *m*. 湿式离合器
	Convertisseur de couple *m*. 变矩器	Convertisseur de couple à transmission hydraulique *m*. 液力变矩器
		Coupleur à transmission hydraulique *m*. 液力耦合器

(续表)

Groupe/组	Type/型	Produit/产品
Système de transmission *m*. 传动系统	Boîte de vitesses 变速器	Boîte de vitesses mécanique *f*. 机械式变速器
		Boîte de vitesses à changement assisté *f*. 动力换挡变速器
		Boîte de vitesses à changement électrohydraulique *f*. 电液换挡变速器
	Moteur de démarrage *m*. 驱动电机	Moteur de démarrage à courant continu *m*. 直流电机
		Moteur de démarrage à courant alternatif *m*. 交流电机
	Dispositif d'arbre de transmission *m*. 传动轴装置	Arbre de transmission *m*. 传动轴
		Accouplement d'arbre *m*. 联轴器
	Essieu moteur *m*. 驱动桥	Essieu moteur *m*. 驱动桥
	Réducteur *m*. 减速器	Transmission finale 终传动
		Dispositif de réduction de vitesse en roue *m*. 轮边减速
Dispositif de scellement hydraulique *m*. 液压密封装置	Cylindre à huile *m*. 油缸	Cylindre à huile à moyenne/basse pression *m*. 中低压油缸
		Cylindre à huile à haute pression *m*. 高压油缸
		Cylindre à huile à super haute pression *m*. 超高压油缸
	Pompe hydraulique *f*. 液压泵	Pompe à engrenage *f*. 齿轮泵
		Pompe à palettes *f*. 叶片泵
		Pompe à piston *f*. 柱塞泵

Groupe/组	Type/型	Produit/产品
Dispositif de scellement hydraulique *m*. 液压密封装置	Moteur hydraulique *m*. 液压马达	Moteur à engrenage（moteur de démarrage/moteur d'appareil de travail）*m*. 齿轮马达（驱动马达、工作装置马达）
		Moteur à palettes（moteur de démarrage/moteur d'appareil de travail）*m*. 叶片马达（驱动马达、工作装置马达）
		Moteur à piston（moteur de démarrage/moteur d'appareil de travail）*m*. 柱塞马达（驱动马达、工作装置马达）
	Valve hydraulique *f*. 液压阀	Valve hydraulique de commutation de multiple voies *f*. 液压多路换向阀
		Robinet pressostatique *m*. 压力控制阀
		Vanne de régulation du débit *f*. 流量控制阀
		Valve hydraulique pilotée *f*. 液压先导阀
	Réducteur hydraulique *m*. 液压减速机	Réducteur hydraulique marchant *m*. 行走减速机
		Réducteur hydraulique rotatif *m*. 回转减速机
	Accumulateur *m*. 蓄能器	Accumulateur *m*. 蓄能器
	Corps rotatif central *m*. 中央回转体	Corps rotatif central *m*. 中央回转体
	Raccords de tuyaux hydrauliques *m*. 液压管件	Flexible à haute pression *f*. 高压软管
		Flexible à basse pression *f*. 低压软管
		Flexible à basse pression à haute température *f*. 高温低压软管
		Tube de liaison hydraulique en métal *m*. 液压金属连接管
		Embout de tube hydraulique *m*. 液压管接头

（续表）

Groupe/组	Type/型	Produit/产品
Dispositif de scellement hydraulique m. 液压密封装置	Accessoires de circuit hydraulique m. 液压系统附件	Filtre à huile hydraulique m. 液压油滤油器
		Radiateur d'huile hydraulique m. 液压油散热器
		Réservoir d'huile hydraulique m. 液压油箱
	Dispositif de scellement m. 密封装置	Joint d'huile mobile m. 动油封件
		Joint d'étanchéité fixe m. 固定密封件
Circuit de freinage m. 制动系统	Réservoir d'air comprimé m. 贮气筒	Réservoir d'air comprimé m. 贮气筒
	Valve pneumatique f. 气动阀	Valve pneumatique de commutation de multiple voies f. 气动换向阀
		Robinet pressostatique pneumatique m. 气动压力控制阀
	Assemblage de pompe de postcombustion m. 加力泵总成	Assemblage de pompe de postcombustion m. 加力泵总成
	Raccords de freinage à air comprimé m. 气制动管件	Flexible pneumatique m. 气动软管
		Tube en métal pneumatique m. 气动金属管
		Embout de tube pneumatique m. 气动管接头
	Séparateur huile-eau m. 油水分离器	Séparateur huile-eau m. 油水分离器
	Pompe de freinage 制动泵	Pompe de freinage 制动泵
	Frein m. 制动器	Frein de parking m. 驻车制动器
		Frein à disque m. 盘式制动器

Groupe/组	Type/型	Produit/产品
Circuit de freinage *m*. 制动系统	Frein *m*. 制动器	Frein à bande *m*. 带式制动器
		Frein à disque à humide *m*. 湿式盘式制动器
Dispositif de marche *m*. 行走装置	Assemblage de pneu *m*. 轮胎总成	Pneu solide *m*. 实心轮胎
		Pneu creux *m*. 充气轮胎
	Assemblage de jante *m*. 轮辋总成	Assemblage de jante *m*. 轮辋总成
	Chaîne anti-patinage de pneu *f*. 轮胎防滑链	Chaîne anti-patinage de pneu *f*. 轮胎防滑链
	Assemblage de chenille *m*. 履带总成	Assemblage de chenille générale *m*. 普通履带总成
		Assemblage de chenille à humide *m*. 湿式履带总成
		Assemblage de chenille en caoutchouc *m*. 橡胶履带总成
		Assemblage de chenille triple *m*. 三联履带总成
	Quatre roues 四轮	Assemblage de roue de support *m*. 支重轮总成
		Assemblage de galet porteur *m*. 拖链轮总成
		Assemblage de roue de guidage *m*. 引导轮总成
		Assemblage de roue d'entraînement *m*. 驱动轮总成
	Assemblage de dispositif de tension de chenille *m*. 履带张紧装置总成	Assemblage de dispositif de tension de chenille *m*. 履带张紧装置总成
Système de direction *m*. 转向系统	Assemblage de directeur *m*. 转向器总成	Assemblage de directeur *m*. 转向器总成

Groupe/组	Type/型	Produit/产品
Système de direction *m*. 转向系统	Pont de direction *m*. 转向桥	Pont de direction *m*. 转向桥
	Dispositif de commande de direction *m*. 转向操作装置	Dispositif de commande de direction *m*. 转向装置
Châssis et dispositif de travail *m*. 车架及工作装置	Châssis *m*. 车架	Châssis *m*. 车架
		Couronne d'orientation *f*. 回转支撑
		Cabine de conduite *f*. 驾驶室
		Assemblage de siège de conducteur *m*. 司机座椅总成
	Dispositif de travail *m*. 工作装置	Flèche *f*. 动臂
		Poteau de godet *m*. 斗杆
		Godet *m*. 铲/挖斗
		Dent de benne *f*. 斗齿
		Couteau *m*. 刀片
	Contrepoids *m*. 配重	Contrepoids *m*. 配重
	Système de cadre de porte *m*. 门架系统	Cadre de porte *m*. 门架
		Chaîne 链条
		Fourche à marchandises *f*. 货叉
	Dispositif de levage *m*. 吊装装置	Crochet *m*. 吊钩
		Flèche *f*. 臂架
	Dispositif de vibration *m*. 振动装置	Dispositif de vibration *m*. 振动装置

(续表)

Groupe/组	Type/型	Produit/产品
Dispositif d'appareil électrique *m*. 电器装置	Assemblage de système de contrôle électrique *m*. 电控系统总成	Assemblage de système de contrôle électrique *m*. 电控系统总成
	Assemblage d'appareillage combiné *m*. 组合仪表总成	Assemblage d'appareillage combiné *m*. 组合仪表总成
	Assemblage de moniteur *m*. 监控器总成	Assemblage de moniteur *m*. 监控器总成
	Appareillage *m*. 仪表	Chronomètre *m*. 计时表
		Compteur de vitesse *m*. 速度表
		Thermomètre *m*. 温度表
		Jauge de pression d'huile *f*. 油压表
		Baromètre *m*. 气压表
		Jauge de niveau d'huile *f*. 油位表
		Ampèremètre *m*. 电流表
		Voltmètre *m*. 电压表
	Alarme *f*. 报警器	Alarme de conduite *f*. 行车报警器
		Alarme de recul *f*. 倒车报警器
	Phare *m*. 车灯	Phare d'éclairage *m*. 照明灯
		Clignotant *m*. 转向指示灯
		Phare d'indication de freinage *m*. 刹车指示灯

Groupe/组	Type/型	Produit/产品
Dispositif d'appareil électrique *m*. 电器装置	Phare *m*. 车灯	Phare-brouillard *m*. 雾灯
		Plafonnier de cabinet de conducteur *m*. 司机室顶灯
	Climatiseur *m*. 空调器	Climatiseur *m*. 空调器
	Ventilateur de chauffe *m*. 暖风机	Ventilateur de chauffe *m*. 暖风机
	Ventilateur électrique *m*. 电风扇	Ventilateur électrique *m*. 电风扇
	Essuie-glace *m*. 刮水器	Essuie-glace *m*. 刮水器
	Batterie *f*. 蓄电池	Batterie *f*. 蓄电池
Outillage spécial *m*. 专用属具	Marteau hydraulique *m*. 液压锤	Marteau hydraulique *m*. 液压锤
	Cisaille hydraulique *f*. 液压剪	Cisaille hydraulique *f*. 液压剪
	Prince hydraulique *m*. 液压钳	Prince hydraulique *m*. 液压钳
	Ripper *m*. 松土器	Ripper *m*. 松土器
	Fourche de préhension de bois *f*. 夹木叉	Fourche de préhension de bois *f*. 夹木叉
	Outillage spécial de chariot à fourchet *m*. 叉车专用属具	Outillage spécial de chariot à fourchet *m*. 叉车专用属具
	Autres outillages spéciaux *m*. 其他属具	Autres outillages spéciaux *m*. 其他属具
Autres accessoires 其他配套件		

83

20 Autres machines de construction spéciales *f.*
其他专用工程机械

Groupe/组	Type/型	Produit/产品
Machines spéciales pour centrale électrique *f.* 电站专用工程机械	Grue à tour de levage par étirage *f.* 扳起式塔式起重机	Grue à tour de levage par étirage pour centrale électrique *f.* 电站专用扳起式塔式起重机
	Grue à tour autorelevante *f.* 自升式塔式起重机	Grue à tour autorelevante pour centrale électrique *f.* 电站专用自升塔式起重机
	Grue de plafond de chaudière *f.* 锅炉炉顶起重机	Grue de plafond de chaudière pour centrale électrique *f.* 电站专用锅炉炉顶起重机
	Grue de portail *f.* 门座起重机	Grue de portail pour centrale électrique *f.* 电站专用门座起重机
	Grue à chenilles *f.* 履带式起重机	Grue à chenilles pour centrale électrique *f.* 电站专用履带式起重机
	Grue à portique *f.* 龙门式起重机	Grue à portique pour centrale électrique *f.* 电站专用龙门式起重机
	Grue à câble *f.* 缆索起重机	Grue à câble pour centrale électrique *f.* 电站专用平移式高架缆索起重机
	Dispositif de levage *m.* 提升装置	Dispositif hydraulique de levage à câble pour centrale électrique *m.* 电站专用钢索液压提升装置
	Élévateur de construction *m.* 施工升降机	Élévateur de construction pour centrale électrique *m.* 电站专用施工升降机
		Ascenseur courbé de construction *m.* 曲线施工电梯
	Tour de mélange de béton *m.* 混凝土搅拌楼	Tour de mélange de béton pour centrale électrique *m.* 电站专用混凝土搅拌楼
	Centrale de mélange de béton *f.* 混凝土搅拌站	Centrale de mélange de béton pour centrale électrique *f.* 电站专用混凝土搅拌站
	Machine à bande à tour *f.* 塔带机	Distributeur à bande à tour *m.* 塔式皮带布料机

（续表）

Groupe/组	Type/型	Produit/产品
Machine de construction et maintenance de transit ferroviaire *f.* 轨道交通施工与养护工程机械	Machine d'érection de pont *f.* 架桥机	Machine d'érection de pont à poutre-caisson en béton pour ligne de haute vitesse réservée aux passagers *f.* 高速客运专线混凝土箱梁架桥机
		Machine d'érection de pont à poutre-caisson en béton sans poutre de nez pour ligne de haute vitesse réservée aux passagers *f.* 高速客运专线无导梁式混凝土箱梁架桥机
		Machine d'érection de pont à poutre-caisson en béton avec poutre de nez pour ligne de haute vitesse réservée aux passagers *f.* 高速客运专线导梁式混凝土箱梁架桥机
		Machine d'érection de pont à poutre-caisson en béton avec poutre de nez inférieure pour ligne de haute vitesse réservée aux passagers *f.* 高速客运专线下导梁式混凝土箱梁架桥机
		Machine d'érection de pont à poutre-caisson en béton de déplacement à roues et rails pour ligne de haute vitesse réservée aux passagers *f.* 高速客运专线轮轨走行移位式混凝土箱梁架桥机
		Machine d'érection de pont à poutre-caisson en béton de déplacement à roues en caoutchouc solide *f.* 实胶轮走行移位式混凝土箱梁架桥机
		Machine d'érection de pont à poutre-caisson en béton de déplacement combiné *f.* 混合走行移位式混凝土箱梁架桥机
		Machine d'érection de pont à poutre-caisson de deux lignes à travers le tunnel *f.* 高速客运专线双线箱梁过隧道架桥机

85

(续表)

Groupe/组	Type/型	Produit/产品
Machine de construction et maintenance de transit ferroviaire *f*. 轨道交通施工与养护工程机械	Machine d'érection de pont *f*. 架桥机	Machine d'érection de pont à poutre en T pour chemin de fer général *f*. 普通铁路 T 梁架桥机
		Machine d'érection de pont à poutre en T pour chemin de fer général et route *f*. 普通铁路公铁两用 T 梁架桥机
	Transporteur de poutres *m*. 运梁车	Transporteur de poutres-caisson en béton de deux lignes sur pneus pour ligne de haute vitesse réservée aux passagers *m*. 高速客运专线混凝土箱梁双线箱梁轮胎式运梁车
		Transporteur de poutres-caisson de deux lignes à travers le tunnel sur pneus pour ligne de haute vitesse réservée aux passagers *m*. 高速客运专线过隧道双线箱梁轮胎式运梁车
		Transporteur de poutres-caisson d'une ligne sur pneus pour ligne de haute vitesse réservée aux passagers *m*. 高速客运专线单线箱梁轮胎式运梁车
		Transporteur de poutres en T sur rails pour chemin de fer général *m*. 普通铁路轨行式 T 梁运梁车
	Élévateur de poutres *m*. 梁场用提梁机	Élévateur de poutres sur pneus *m*. 轮胎式提梁机
		Élévateur de poutres sur rails *m*. 轮轨式提梁机
	Équipement de production, transport et pose de structures supérieures de voie *m*. 轨道上部结构制运铺设备	Équipement de transport et pose de voie à ballast à longs rails à traverse *m*. 有砟线路长轨单枕法运铺设备
		Équipement de production, transport et pose de système de voie sans ballast *m*. 无砟轨道系统制运铺设备
		Équipement de production, transport et pose de système de voie sans ballast à plaque *m*. 无砟板式轨道系统制运铺设备

Groupe/组	Type/型	Produit/产品
Machine de construction et maintenance de transit ferroviaire f. 轨道交通施工与养护工程机械	Équipement de production, transport et pose de structures supérieures de voie m. 轨道上部结构制运铺设备	Équipement de production, transport et pose de système de voie sans ballast m. 无砟轨道系统制运铺设备
		Équipement de production, transport et pose de système de voie sans ballast à plaque m. 无砟板式轨道系统制运铺设备
	Équipement de maintenance de ballast m. 道砟设备养护用设备系列	Véhicule spécial pour transport de ballast m. 专用运道砟车
		Ébarbeur à distribution de ballast m. 配砟整形机
		Bourreuse de ballast f. 道砟捣固机
		Engin à tamis de ballast m. 道砟清筛机
	Équipement de construction et maintenance de circuit électrifié m. 电气化线路施工与养护设备	Excavateur pour montant de contact caténaire m. 接触网立柱挖坑机
		Équipement de mise en place de montant de contact caténaire m. 接触网立柱竖立设备
		Véhicule de pose-câble pour suspension caténaire m. 接触网架线车
Machines de construction pour utilisation hydraulique f. 水利专用工程机械	Machines de construction pour utilisation hydraulique f. 水利专用工程机械	Machines de construction pour utilisation hydraulique f. 水利专用工程机械
Machines de construction pour mine f. 矿山专用工程机械	Machines de construction pour mine f. 矿山专用工程机械	Machines de construction pour mine f. 矿山专用工程机械
Autres machines de construction 其他工程机械		

87